物理入門コース／演習［新装版］ 例解 力学演習

物理入門コース／演習［新装版］

An Introductory Course of Physics
Problems and Solutions

例解 力学演習

戸田盛和・渡辺慎介 著

CLASSICAL
MECHANICS

岩波書店

物理を学ぶ人のために

この「物理入門コース／演習」シリーズは，演習によって基礎的計算力を養うとともに，それを通して，物理の基本概念を的確に把握し理解を深めることを主な目的としている．

各章は，各節ごとに次のように構成されている．

（i） 解説　各節で扱う内容を簡潔に要約する．法則，公式，重要な概念の導入や記号，単位などの説明をする．

（ii） 例題　解説に続き，原則として例題と問題がある．例題は，基礎的な事柄に対する理解を深めるための計算問題である．精選して詳しい解をつけてある．

（iii） 問題　これはあまり多くせず，難問や特殊な問題は避けて，基礎的，典型的なものに限られている．

（iv） 解答　各節の問題に対する解答は，巻末にまとめられている．解答はスマートさよりも，理解しやすさを第一としている．

（v） 肩をほぐすような話題を「コーヒーブレイク」に，解法のコツやヒントの一言を「ワンポイント」として加えてある．

各ページごとの読み切りにレイアウトして，勉強しやすいようにした．

本コースは「物理入門コース」(全10巻)の姉妹シリーズであり，これと共に用いるとよいが，本シリーズだけでも十分理解できるように配慮した．

物理学を学ぶには，物理的な考え方を感得することと，個々の問題を解く技術に習熟することが必要である．しかし，物理学はすわって考えていたり，ただ本を読むだけではわかるものではない．一般の原理はわかったつもりでも，いざ問題を解こうとするとなかなかむずかしく，手も足も出ないことがある．これは演習不足である．「理解するよりはまず慣れよ」ともいう．また「学問に王道はない」ともいわれる．理解することは慣れることであり，そのためにはコツコツと演習問題をアタックすることが必要である．

しかし，いたずらに多くの問題を解こうとしたり，程度の高すぎる問題に挑戦するのは無意味であり無駄である．そこでこのシリーズでは，内容をよりよく理解し，地道な実力をつけるのに役立つと思われる比較的容易な演習問題をそろえた．解答の部には，すべての問題のくわしい解答を載せたが，著しく困難な問題はないはずであるから，自力で解いたあとか，どうしても自力で解けないときにはじめて解答の部を見るようにしてほしい．

このシリーズが読者の勉学を助け，物理学をマスターするのに役立つことを念願してやまない．また，読者からの助言をいただいて，このシリーズにみがきをかけ，ますますよいものにすることができれば，それは著者と編者の大きな幸いである．

1990年8月3日

編者　戸田盛和
中嶋貞雄

はじめに

むかし，ある王様が，幾何学の勉強がむずかしいので「もっとやさしく学ぶ方法はないか」と先生に尋ねた．すると先生は「王だからといって，やさしく学べる方法はありません」と答えた，という話がある．編者まえがきにある「学問に王道なし」という格言はこれから出ている．

ユークリッド幾何学を学ぶには，自分で3角形や円を描き，直線を引いて考えなければならない．そして，手を使い，同時に頭を使わなければ，理解する能力は発達しない．

幾何学は平面や空間の図形の学問であるが，「力学」ではこれに時間が加わり，平面や空間の中の質点の軌跡，つまり運動が主な対象となる．力学は運動の学問であり，空間と時間との幾何学である．力学を学ぶには，幾何学を学ぶのと同じように，手を使い，同時に頭を使うことが欠かせない．自分で式を書き，計算を実行することによって，理解する能力が発達するのである．

ニュートンが書いた力学の本である『プリンキピア』は，ユークリッドの幾何学と同じような幾何学を使って書いてある．それで，力学もこの方法で勉強することができるわけである．しかし，ニュートンが発明した微分，積分の方法が，すでに300年も使われてきている．ニュートンの力学は，初等幾何学的な方法から微積分を使った方法へ進化した．そして微積分は物理学のすべての分野に不可欠な道具となり，言葉となったのである．

この歴史的事実からもわかるように，微積分に習熟するのに一番適しているのは，力学である．

力学には，数学にはない概念，すなわち質量や力などが使われる．力学の本を読んで，質量や力がよくわからないという人もある．しかし，このような基礎的な概念は，物理学を本職にしている人にとっても，あるいは深く学べば学ぶほどわかりにくいものである．それでもふつうの力学をやるのには，何の支障もおこらない．むずかしい概念がわからないといって，あれこれ悩むよりも，まず問題を解く練習をすることである．

本を読んでわかったつもりでも，いざ問題を解こうとすると手も足も出ない，というのは練習不足である．まず手を使って慣れるようにしよう．

もちろん，力学の問題を解くのにも，直観や経験が役立つことも確かである．人それぞれに得意な勉強の仕方でやるのがよい．たとえば，例題を自分で解くことを心掛けるとか，巻末の解法とちがう解法をくふうすることも考えられる．いずれにしても楽しく学んでほしい．

本書の執筆にあたって，岩波書店編集部の諸氏，とくに片山宏海氏には一方ならぬお世話になった．また，横浜国立大学工学部大石雅子さんには，図面の作製や校正のお手伝いをして頂いた．これらの方々にお礼を申し上げたい．

1990年10月14日

戸田盛和
渡辺慎介

目次

1

運動

力学は，投げたボールの運動など，日常的な現象を主に扱うので，理解しやすい．運動を記述するには，物体の位置を時間の関数として数量的に表わし，速度を位置の変化として数学的に表わさなければならない．運動を学ぶことによって，数学も理解しやすくなるであろう．このように，力学の演習問題に習熟することは，物理学の方法と同時に，数学的方法を学ぶのにも適している．

1-1 空間と時間

座標系 この節では，大きさが無視できる小さな物体(質点)の位置を表わすベクトルについて学ぶ．空間における質点の位置を表わすには，座標系を用いるのが便利である．固定された1点Oを原点とし，そこを通って互いに直交する3つの直線(座標軸)を考える．座標軸に沿って原点から測った3つの長さx, y, z(座標)によって質点の位置Pが表わされる．

位置ベクトル 原点Oから点Pへ引いた矢印を点Pの**位置ベクトル**という．これを$\overrightarrow{\mathrm{OP}}=\boldsymbol{r}=(x, y, z)$ または

$$\boldsymbol{r} = \begin{pmatrix} x \\ y \\ z \end{pmatrix} \tag{1.1}$$

と書く．x, y, zはベクトル$\boldsymbol{r}$の成分である．また，x軸，y軸，z軸に沿う単位長さのベクトルを**基本ベクトル**とよび，$\boldsymbol{i}, \boldsymbol{j}, \boldsymbol{k}$で書くと，位置ベクトル$\boldsymbol{r}$はベクトルの和の形で

$$\boldsymbol{r} = x\boldsymbol{i}+y\boldsymbol{j}+z\boldsymbol{k} \tag{1.2}$$

と表わせる．**ベクトルの長さ**(絶対値)は

$$r = |\boldsymbol{r}| = \sqrt{x^2+y^2+z^2} \tag{1.3}$$

である．

One Point ——向きを表わすベクトル

1 cmとか1 mとか，基準になる単位長さをもつベクトルを**単位ベクトル**という．ベクトル$\boldsymbol{r}$の長さをrとし，このベクトルの向きの単位ベクトルを$\boldsymbol{e}_r$とすると

$$\boldsymbol{e}_r = \boldsymbol{r}/r$$

と書ける．これは向きを表わす単位ベクトルの便利な書き方で，いろいろな場合に用いられる．$a\boldsymbol{r}/r$と書けば，これはベクトル$\boldsymbol{r}$と向きが一致し，長さaのベクトルである．

例題 1.1 基本ベクトル $\boldsymbol{i}, \boldsymbol{j}, \boldsymbol{k}$ の x, y, z 方向の成分を記せ．また，基本ベクトルを(1.1)式の形に書き表わせ．

［**解**］ $\boldsymbol{i}$ は x 軸に沿う長さ1のベクトルであるから，これを原点Oから点Pまでの矢印とすれば，点Pの x 座標は1で，y 座標と z 座標は共に0である(図1)．したがって，基本ベクトル $\boldsymbol{i}$ の座標は $x=1$, $y=0$, $z=0$, すなわち

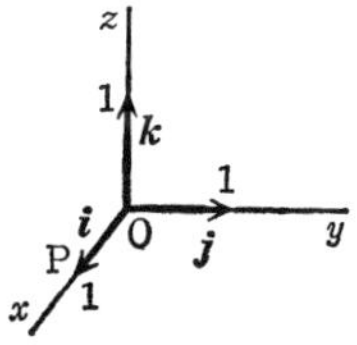

図1

$$\boldsymbol{i} = \begin{pmatrix} 1 \\ 0 \\ 0 \end{pmatrix}$$

である．同様に $\boldsymbol{j}$ は y 軸に沿う長さ1のベクトルなので，その成分は $x=0$, $y=1$, $z=0$ であり，$\boldsymbol{k}$ の成分は同様にして $x=0$, $y=0$, $z=1$ であることがわかる．したがって

$$\boldsymbol{j} = \begin{pmatrix} 0 \\ 1 \\ 0 \end{pmatrix}, \qquad \boldsymbol{k} = \begin{pmatrix} 0 \\ 0 \\ 1 \end{pmatrix}$$

である．

［**注意1**］ 原点の位置を原点から引いた矢印で表わそうとすると，長さが0になってしまい，その向きは定まらない．これを**ゼロベクトル**といい，$\boldsymbol{0}=(0,0,0)$ で表わす．ゼロベクトルは0と表記することもある．本書ではとくに断わらずに $\boldsymbol{0}$ と0の両方の表記を用いる．

基本ベクトル $\boldsymbol{i}, \boldsymbol{j}, \boldsymbol{k}$ を3辺とする立方体の8個の頂点の位置ベクトルは $\boldsymbol{0}, \boldsymbol{i}, \boldsymbol{j}, \boldsymbol{k}, \boldsymbol{i}+\boldsymbol{j}, \boldsymbol{j}+\boldsymbol{k}, \boldsymbol{k}+\boldsymbol{i}, \boldsymbol{i}+\boldsymbol{j}+\boldsymbol{k}$ である(図2)．l, m, n をそれぞれ0を含む正または負の整数とすると

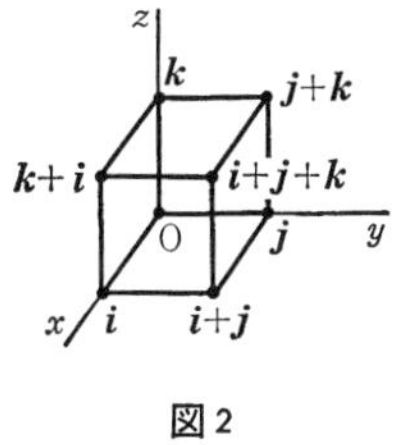

図2

$$\boldsymbol{r} = l\boldsymbol{i}+m\boldsymbol{j}+n\boldsymbol{k}$$

は，座標がすべて整数であるような点の集まりを表わす．これを整数格子点という．

［**注意2**］ 力学で用いる基本ベクトルはふつう互いに直交している．上に述べた基本ベクトル $\boldsymbol{i}, \boldsymbol{j}, \boldsymbol{k}$ はそれぞれ x 軸，y 軸，z 軸に平行であるから互いに直交していることが容易に理解できるであろう．今後，x, y, z 座標以外の座標を用いることがある．そのときには基本ベクトルも $\boldsymbol{i}, \boldsymbol{j}, \boldsymbol{k}$ 以外のものを使うことになる．

例題 1.2 2つの位置ベクトルを

$$\overrightarrow{\mathrm{OP}_1} = \boldsymbol{r}_1 = \begin{pmatrix} x_1 \\ y_1 \\ z_1 \end{pmatrix}, \quad \overrightarrow{\mathrm{OP}_2} = \boldsymbol{r}_2 = \begin{pmatrix} x_2 \\ y_2 \\ z_2 \end{pmatrix}$$

とする．線分 OP_1 と OP_2 を2辺とする平行4辺形を $\mathrm{OP}_1\mathrm{QP}_2$ とするとき，原点Oから頂点Qへ引いたベクトル $\boldsymbol{r}_\mathrm{Q}$($\boldsymbol{r}_1$ と $\boldsymbol{r}_2$ の和)は

$$\overrightarrow{\mathrm{OQ}} = \boldsymbol{r}_\mathrm{Q} = \begin{pmatrix} x_1+x_2 \\ y_1+y_2 \\ z_1+z_2 \end{pmatrix}$$

であることを幾何学的に確かめよ．

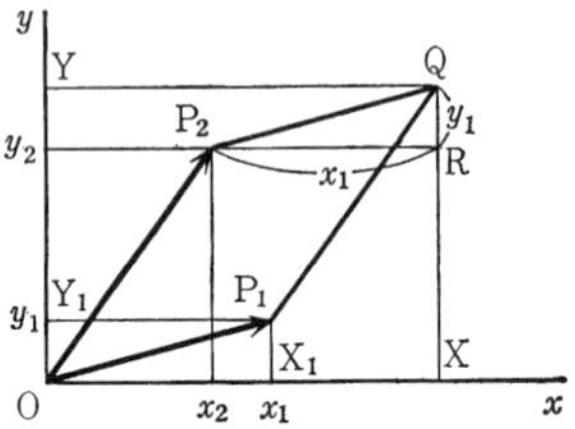

図1

［解］ 簡単のため P_1 と P_2 が xy 平面内にあるとする．図1において $\mathrm{OP}_1=\mathrm{P}_2\mathrm{Q}$ であり，P_2 から x 軸に平行に直線 $\mathrm{P}_2\mathrm{R}$ を引けば，$\triangle\mathrm{P}_2\mathrm{RQ}$ と $\triangle\mathrm{OX}_1\mathrm{P}_1$ は合同である．したがって，$\overline{\mathrm{OX}_1}=x_1=\overline{\mathrm{P}_2\mathrm{R}}$ であり，$\overline{\mathrm{YQ}}=x_1+x_2$．同様に，$\overline{\mathrm{X}_1\mathrm{P}_1}=y_1=\overline{\mathrm{RQ}}$．したがって，Qの座標を (x, y) とすれば，$x=x_1+x_2$，$y=y_1+y_2$ である．

P_1 と P_2 が xy 平面にないときは，射影(図2参照)で考えるとわかりやすい．図2は xy 平面への射影であるが，例えば，P_1 から x 軸に平行に引いた $\mathrm{P}_1\mathrm{Y}_1$ は長さ x_1 が変わらずに射影されている．長さ y_1, x_2, y_2 についても同様である．したがって，Qの x 座標と y 座標は $x=x_1+x_2$，$y=y_1+y_2$ である．また，xz 平面への射影について考えれば，同様にしてQの x 座標と z 座標が $x=x_1+x_2$，$z=z_1+z_2$ であることがわかる．

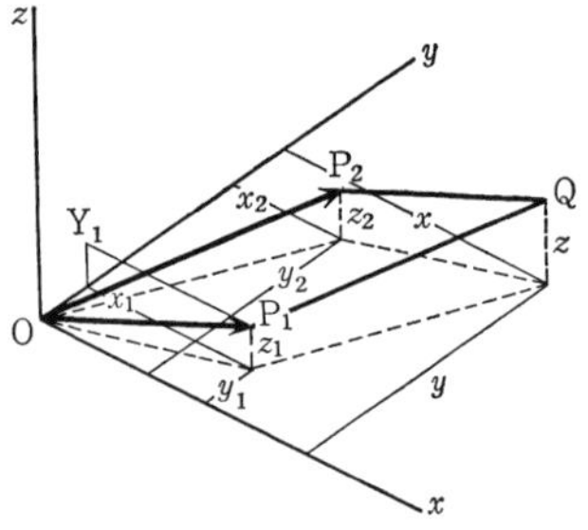

図2

問 題 1-1

[1] 3つのベクトル $\boldsymbol{r}_1=(x_1, y_1, z_1)$, $\boldsymbol{r}_2=(x_2, y_2, z_2)$, $\boldsymbol{r}_3=(x_3, y_3, z_3)$ をつぎつぎに加えることによって，これらのベクトルの和 $\boldsymbol{r}_1+\boldsymbol{r}_2+\boldsymbol{r}_3$ の座標を求めよ.

[2] 例題1.2において

$$\overrightarrow{\mathrm{P_1Q}} = \boldsymbol{r}_2, \quad \overrightarrow{\mathrm{P_2Q}} = \boldsymbol{r}_1$$

$$\boldsymbol{r}_{\mathrm{Q}} = \boldsymbol{r}_1+\boldsymbol{r}_2 = \overrightarrow{\mathrm{OP_1}}+\overrightarrow{\mathrm{P_1Q}} = \overrightarrow{\mathrm{OP_2}}+\overrightarrow{\mathrm{P_2Q}}$$

であることを確かめよ.

[3] 2つのベクトルを $\overrightarrow{\mathrm{OP_1}}=\boldsymbol{r}_1=(x_1, y_1, z_1)$, $\overrightarrow{\mathrm{OP_2}}=\boldsymbol{r}_2=(x_2, y_2, z_2)$ とする．点 $\mathrm{P_1}$ から点 $\mathrm{P_2}$ へ引いたベクトルを $\boldsymbol{r}$ とすると，$\boldsymbol{r}=\boldsymbol{r}_2-\boldsymbol{r}_1$ であることを，下図(左)を参照して確かめよ．また，ベクトル $\boldsymbol{r}_1-\boldsymbol{r}_2$ はどのようなベクトルであるかを述べよ.

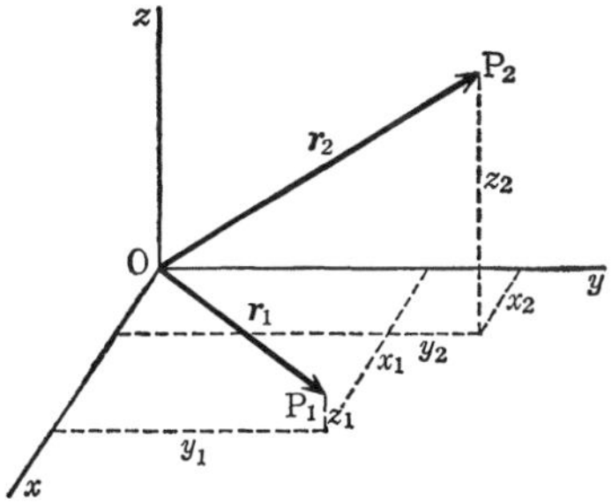

問[3]

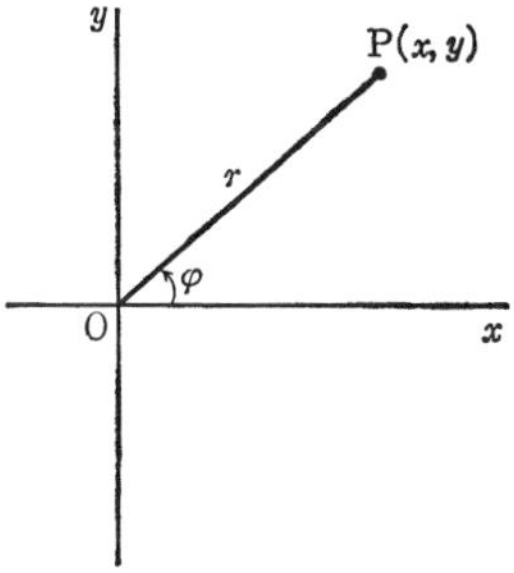

問[4]

[4] 原点Oから点Pまでの距離(長さ)を r, 直線OPと x 軸のなす角度を φ とする(上図右)．点Pの座標 (x, y) を r と φ を用いて表わせ．ただし，φ は x 軸から反時計回りの方向を正とする．r と φ で表わした平面の座標を2次元極座標という.

One Point ——2次元極座標の基本ベクトル

問題1-1 問[4]で与えられた2次元極座標の基本ベクトルはどのように選んだらよいだろうか．原点Oから点Pに向いた長さ1のベクトルを $\boldsymbol{e}_r$ とし，それと直交し φ の増加する向きにとった長さ1のベクトルを $\boldsymbol{e}_\varphi$ とする．この $\boldsymbol{e}_r$ と $\boldsymbol{e}_\varphi$ が2次元極座標の基本ベクトルである.

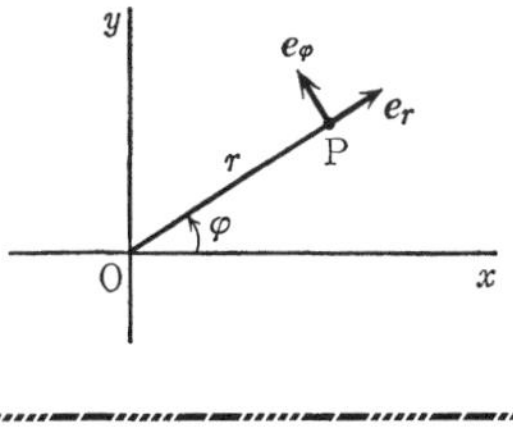

1-2 速度

位置ベクトルが時間の関数として与えられると，位置ベクトルの時間変化の割合いから，質点の速度を導くことができる．

速度 一直線に沿う運動を考える．時刻 t における質点の座標を x とし，Δt 時間後に $x+\Delta x$ まで動いたとすると，その間の平均速度は $\Delta x/\Delta t$ である．Δt を 0 にする極限をとると，時刻 t における速度 v を

$$v = \lim_{\Delta t \to 0} \frac{\Delta x}{\Delta t} = \frac{dx}{dt} \tag{1.4}$$

と定義することができる．dx/dt を $\dot{x}$ と書くこともある．

変位ベクトルと速度 3 次元の場合，時刻 t と $t+\Delta t$ の位置ベクトルを $\boldsymbol{r}=(x, y, z)$ と $\boldsymbol{r}+\Delta\boldsymbol{r}=(x+\Delta x, y+\Delta y, z+\Delta z)$ とすれば，変位ベクトル $\Delta\boldsymbol{r}$ を

$$\Delta\boldsymbol{r} = \begin{pmatrix} \Delta x \\ \Delta y \\ \Delta z \end{pmatrix}$$

と書くことができ，これから，1 次元の場合と同様に，速度ベクトル $\boldsymbol{v}$

$$\boldsymbol{v} = \lim_{\Delta t \to 0} \frac{\Delta\boldsymbol{r}}{\Delta t} = \frac{d\boldsymbol{r}}{dt} \tag{1.5}$$

が導入できる．ここで，速度ベクトル

$$\boldsymbol{v} = \begin{pmatrix} v_x \\ v_y \\ v_z \end{pmatrix} = v_x\boldsymbol{i}+v_y\boldsymbol{j}+v_z\boldsymbol{k} \tag{1.6}$$

の各成分は，$v_x=\lim\limits_{\Delta t \to 0}(\Delta x/\Delta t)=dx/dt$，$v_y=dy/dt$，$v_z=dz/dt$ である．

速度 $\boldsymbol{v}$ の大きさ(速さ)v は

$$v = \sqrt{v_x{}^2+v_y{}^2+v_z{}^2} \tag{1.7}$$

で与えられる．

例題 1.3 質点の位置が時間の関数として

(i) $x(t)=at$, (ii) $x(t)=at^2$, (iii) $x(t)=at^3$, (iv) $x(t)=at^n$

と表わされるとき，質点の速度を求めよ．

［解］ (i)の場合，時刻 $t+\Delta t$ と t の変位の差 Δx は

$$\Delta x = a(t+\Delta t)-at = a\Delta t$$

であるから，速度は

$$v = \lim_{\Delta t\to 0}\frac{\Delta x}{\Delta t} = a$$

となる．

(ii) $x(t+\Delta t)=a(t+\Delta t)^2=at^2+2at\Delta t+a(\Delta t)^2$ と $x(t)=at^2$ の差 Δx は $\Delta x=2at\Delta t+a(\Delta t)^2$ である．したがって，$v=2at$ を得る．この例でわかるように，Δx は Δt のべき乗の形で表わされるが，速度を計算するときには Δt の項のみが残り，$(\Delta t)^2$ の項は $\Delta t\to 0$ の極限で 0 になる．したがって，Δt に比例する項だけを取り出せばよい．

(iii) $x(t+\Delta t)\cong at^3+3at^2\Delta t$ を用いると，$\Delta x\cong 3at^2\Delta t$ であるから，$v=3at^2$ と計算できる．

(iv) $x(t+\Delta t)\cong at^n+nat^{n-1}\Delta t$ から，$v=nat^{n-1}$ を得る．ここで，n は任意の実数である．特に，$n=1, 2, 3$ と選べば，上述の 3 つの結果と一致する．

One Point ——テイラー展開

上の例題では質点の位置が時間に関して t, t^2, t^3 などの関数で与えられたから，$t+\Delta t$ の位置を簡単に計算できた．一般に，変位 x が時間の任意関数 $f(t)$ で表わされたとする．$f(t)$ は $t=t_0$ のまわりに

$$f(t) = f(t_0)+(t-t_0)\left.\frac{df}{dt}\right|_{t=t_0}+\frac{(t-t_0)^2}{2}\left.\frac{d^2f}{dt^2}\right|_{t=t_0}+\cdots$$

のように展開できる．これをテイラー(Taylor)展開という．$t-t_0$ を Δt とおくと，$t=t_0+\Delta t$ であるから，t_0 における速度

$$v = \lim_{\Delta t\to 0}\frac{\{f(t+\Delta t)-f(t)\}}{\Delta t} = \left.\frac{df}{dt}\right|_{t=t_0}$$

を求めることができる．

例題 1.4 位置 x が $x(t)=\exp(at)$ で表わされるとき，速度 v を求めよ．この結果を用い，$x=t+\dfrac{1}{a}\exp(-at)$ によって位置が与えられる場合，速度 v を計算せよ．また，$t\to\infty$ での速度 v_∞ はどうなるか．

ただし，指数関数は無限級数

$$\exp(at) = 1+at+\frac{1}{2!}(at)^2+\frac{1}{3!}(at)^3+\frac{1}{4!}(at)^4+\cdots$$

で定義される．

［**解**］ $x(t+\Delta t)=\exp\{a(t+\Delta t)\}$ は

$$x(t+\Delta t) = 1+a(t+\Delta t)+\frac{1}{2!}a^2(t+\Delta t)^2+\frac{1}{3!}a^3(t+\Delta t)^3+\cdots$$

$$\cong 1+at+a\Delta t+\frac{1}{2!}(at)^2+\frac{1}{2!}2a^2t\Delta t+\frac{1}{3!}(at)^3$$

$$+\frac{1}{3!}3a^3t^2\Delta t+\cdots$$

と書ける．ここで，$(\Delta t)^2, (\Delta t)^3, \cdots$ を含む項は省略した．Δt のかかっていない項は上の定義から $\exp(at)$ に等しい．また，Δt に比例する項を $a\Delta t$ でくくると

$$x(t+\Delta t) \cong \exp(at)+a\Delta t\left\{1+at+\frac{1}{2!}(at)^2+\cdots\right\}$$

を得る．右辺第 2 項の括弧の中は再び指数関数の定義から $\exp(at)$ に等しいことがわかる．したがって，

$$\Delta x = x(t+\Delta t)-x(t) \cong a\Delta t\exp(at)$$

となり，速度は

$$v = a\exp(at)$$

で与えられる．これは，指数関数の微分公式

$$\frac{d}{dt}\exp(at) = a\exp(at)$$

にほかならない．この公式は，定義式の右辺の各項を t で微分して導くこともできる．

位置 x が $x=t+\dfrac{1}{a}\exp(-at)$ のとき，速度は

$$v = 1-\exp(-at)$$

である．$\exp(-at)$ は $t=0$ で 1，$t\to\infty$ で 0 になるから，$t=0$ で速度は 0，$t\to\infty$ で $v_\infty=1$ を得る．速度 v を時間の関数として右図に示す．速度は 0 から次第に増大し，$v_\infty=1$ に漸近する．

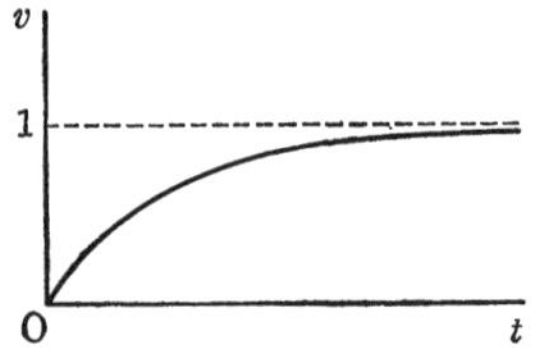

問 題 1-2

[1] 質点の位置が $x(t)=at-bt^2\ (a>0,\ b>0)$ で与えられるとき，速度 v を計算せよ．この結果から，$v=0$ になる時間 t を決定し，そのとき位置 x が最大になることを示せ．また，x の最大値を求めよ．

[2] 三角関数は指数関数を用いて

$$\sin at = \frac{e^{iat}-e^{-iat}}{2i}, \qquad \cos at = \frac{e^{iat}+e^{-iat}}{2}$$

と書ける．指数関数の微分公式を使い，次の三角関数の微分を計算せよ．

$$\frac{d}{dt}\sin at = a\cos at, \qquad \frac{d}{dt}\cos at = -a\sin at$$

[3] 質点の位置が $x(t)=a\cos\omega t$ によって与えられるとき，速度を求めよ．位置と速度を時間の関数として図示し，位置が最大になる時間と速度が最大になる時間はずれていることを確かめよ．

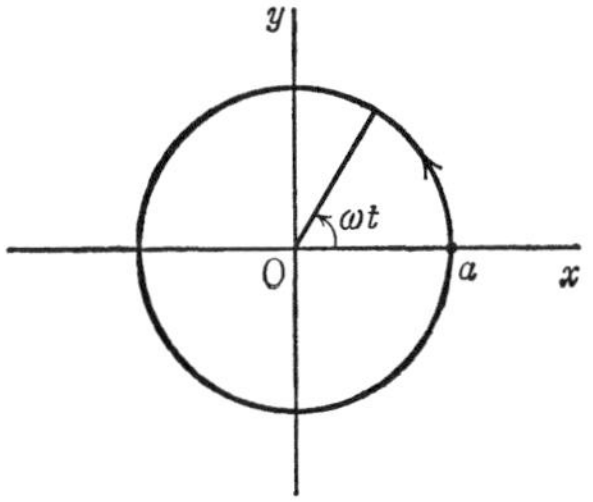

[4] 半径 a の円周上を質点が反時計まわりに回転している．回転によって単位時間に ω(rad) だけ角度が変化すると仮定する．質点の位置 (x, y) を求め，その時間微分から速度 (v_x, v_y) を計算せよ．また，速度の大きさ(速さ)を求め，速さは一定であることを示せ．

One Point ——テイラー展開による関数の近似

テイラー展開は関数の近似式を作るのにも役立つ．たとえば，$f(t)=(1+t)^{1/2}$，$t_0=0$ として，展開の第2項までをとると，よく知られた近似式

$$(1+t)^{1/2} \cong 1+t/2 \qquad (|t| \ll 1)$$

を得る．この式を使って数値の概算もできる．$\sqrt{9.8}$ は

$$\sqrt{9.8} = \sqrt{9+0.8} = 3\sqrt{1+\frac{0.8}{9}} \cong 3\left(1+\frac{1}{2}\frac{0.8}{9}\right) = 3.133\cdots$$

と計算できる．これは正確な値 3.130495… にきわめて近い．

1-3　速度の積分

前節では質点の位置 x を時間で微分して速度 v を求めた．この節では逆に，速度 v を積分して位置 x が求められることを示す．

積分　速度 v は位置 x を時間で微分した

$$v = \frac{dx}{dt}$$

によって計算される．これは

$$dx = vdt$$

と書くこともできる．この式は微小時間 dt の間に質点の位置が dx だけ変化することを表わしている．この式を時間で t_0 から t まで積分すると

$$\int_{t_0}^{t} dx = \int_{t_0}^{t} vdt$$

を得る．左辺は $x(t)-x(t_0)$ に等しい．これを $S(t)$ とおくと，上式は

$$S(t) = x(t)-x(t_0) = \int_{t_0}^{t} vdt \tag{1.8}$$

となる．速度 v で運動する質点が移動する距離は，速度 v を t の関数として描いたグラフの t_0 から t までの面積に等しいことをこの式は表わしている(図 1-1)．

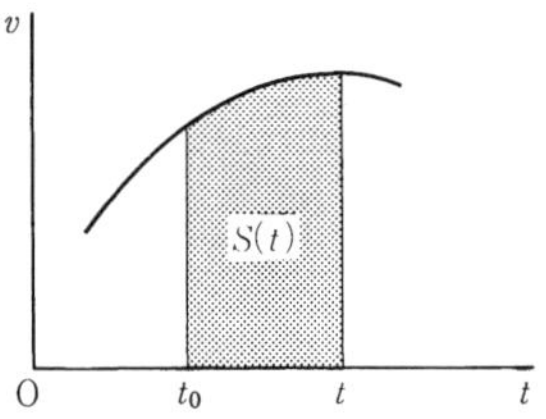

図 1-1

微分と積分　微分と積分は互いに逆の演算である．これは，位置 x を時間で微分すると速度 v が計算できるのに対し，速度 v を時間で積分すると，位置 x が得られることからも理解できる．

2つの関数 $x=at$ と $x=at+b$ を t で微分すると，ともに a になり定数 b だけの差は消えてしまう．これは出発点が b だけずれていても微分が等しければ速度は同じであることを述べている．一方，(1.8)の定数 $x(t_0)$ は運動開始時間 t_0 のちがいによって運動する質点が移動する距離 $S(t)$ が異なることを意味している．

例題 1.5　微分と積分が互いに逆の演算であるという性質を使い，微分公式

$$\frac{d}{dt}(at) = a, \qquad \frac{d}{dt}(at^2) = 2at, \qquad \frac{d}{dt}(at^3) = 3at^2$$

から，次の積分を求めよ．

(i) $\displaystyle\int_{t_0}^{t} adt,$　(ii) $\displaystyle\int_{t_0}^{t} atdt,$　(iii) $\displaystyle\int_{t_0}^{t} at^2dt$

［**解**］ (i)　微分公式

$$\frac{d}{dt}(at) = a$$

の両辺に dt を乗じ，t_0 から t まで積分する．

$$\int_{t_0}^{t}\frac{d}{dt}(at)dt = \int_{t_0}^{t} adt$$

左辺は関数 at を微分し，それをさらに積分している．微分と積分は互いに逆の演算であるから，左辺は元の関数に戻り，積分は

$$\int_{t_0}^{t}\frac{d}{dt}(at)dt = at\Big|_{t_0}^{t} = at-at_0$$

となり

$$\int_{t_0}^{t} adt = at-at_0$$

を得る．右辺第 2 項に定数 at_0 が付け加わっていることに注意しよう．積分には始点と終点を指定しなければならないから，始点の位置を表わす項が現われる．

(ii), (iii)　前と同様に次の結果を得る．

$$\int_{t_0}^{t} atdt = \frac{1}{2}\int_{t_0}^{t}\frac{d}{dt}(at^2)dt = \frac{a}{2}(t^2-t_0{}^2)$$

$$\int_{t_0}^{t} at^2dt = \frac{1}{3}\int_{t_0}^{t}\frac{d}{dt}(at^3)dt = \frac{a}{3}(t^3-t_0{}^3)$$

一般に次の公式が成立する．

$$\boxed{\int_{t_0}^{t} at^ndt = \frac{a}{n+1}(t^{n+1}-t_0{}^{n+1}) \qquad (n \neq -1)}$$

特に $n=-1$ に対しては次式が成り立つ．

$$\boxed{\int_{t_0}^{t}\frac{a}{t}dt = a(\log t-\log t_0) \qquad (t>0,\ \ t_0>0)}$$

例題 1.6 指数関数と三角関数の微分公式

$$\frac{d}{dt}\exp(at) = a\exp(at)$$

$$\frac{d}{dt}\cos at = -a\sin at, \qquad \frac{d}{dt}\sin at = a\cos at$$

を使い，次の積分を求めよ．

(i) $\displaystyle\int_{t_0}^{t}\exp(at)dt$, (ii) $\displaystyle\int_{t_0}^{t}\sin at dt$, (iii) $\displaystyle\int_{t_0}^{t}\cos at dt$

［**解**］ (i) 例題 1.5 と同様にして

$$\int_{t_0}^{t}\exp(at)dt = \frac{1}{a}\int_{t_0}^{t}\frac{d}{dt}\exp(at)dt = \frac{1}{a}\{\exp(at)-\exp(at_0)\}$$

を得る．

(ii), (iii)

$$\int_{t_0}^{t}\sin at dt = -\frac{1}{a}\int_{t_0}^{t}\frac{d}{dt}\cos at dt = -\frac{1}{a}(\cos at-\cos at_0)$$

$$\int_{t_0}^{t}\cos at dt = \frac{1}{a}\int_{t_0}^{t}\frac{d}{dt}\sin at dt = \frac{1}{a}(\sin at-\sin at_0)$$

問 題 1-3

[1] 速度 v が $v=v_0-at$ によって与えられるとき，質点の位置 x は時間のどのような関数になるか．

[2] 速度 v が余弦関数により $v=a\cos\omega t$ で表わされているとき，位置 x を求めよ．位置 x は $t=T$ と $t=T+2n\pi/\omega$ で同じ値を持つことを確かめよ．ただし n は整数とする．

[3] 指数関数 $x=\exp(at)$ は2階微分を含む次の方程式

$$\frac{d^2x}{dt^2} = a^2x$$

を満足することを示せ．$x=\exp(-at)$ も同じ式を満たすことを確かめよ．

[4] 正弦関数と余弦関数の微分公式を逐次用いることにより，$x=\sin\omega t$ は方程式

$$\frac{d^2x}{dt^2} = -\omega^2x$$

を満たすことを示せ．$x=\cos\omega t$ も同じ式を満足することを確認せよ．

One Point ——微分方程式

指数関数 $\exp(at)$ は微分すると $a\exp(at)$ になり，積分すると $\frac{1}{a}\exp(at)+$定数になる面白い性質を持っている．つまり，指数関数は微分しても，積分しても，関数の形は変化せず，定数倍されるだけである．この性質を使うと，指数関数が満足する方程式を導くことができる．いま，$x=\exp(at)$ とおいてみよう．これを t で微分すると，

$$\frac{dx}{dt} = a\exp(at)$$

である．右辺は ax と書ける．したがって $\exp(at)$ は方程式

$$\frac{dx}{dt} = ax \qquad (1)$$

を満足する．このような方程式を微分方程式という．

微分方程式(1)を満たす解は $x=\exp(at)$ ばかりではなく，

$$x = b\exp(at), \qquad x = \exp(at+c)$$

などもあることに注意しよう．

これから学ぶ運動方程式は微分方程式によって書かれている．

2

運動の法則

ニュートンの運動の 3 法則について学ぶ．この章では運動方程式を解くことはせず，ある運動が与えられたとき，その物体にどのような力がはたらいているかを，運動方程式から調べる．また，運動のあいだ一定に保たれる量が見い出せると，運動方程式を解かなくても，解が得られる例として，運動量保存の法則について学ぶ．力積という考え方についても学習する．

2-1　慣性(運動の第1法則)

ニュートンの3つの法則(運動の法則)の第1の法則について，まず学ぶ.

運動の第1法則　「力の作用を受けなければ，物体は，静止の状態，あるいは一直線上の一様な運動をそのまま続ける.」　これが運動の第1法則である．物体が運動状態をそのまま保とうとする性質を**慣性**といい，この第1法則も**慣性の法則**とよばれることがある.

地球上では重力がはたらいているので，鉛直方向の運動には慣性の法則は成立しない．水平面上の運動では，もしも摩擦がなければ，第1法則が成り立ち，物体はどこまでも滑っていくだろう.

Coffee Break　**オイラーと摩擦**

摩擦があると運動は妨げられる．摩擦を小さくするためにさまざまな工夫がなされている．たとえば，回転部分のある機械などでは，軸受の摩擦を減らすため，精巧なボールベアリングが用いられている.

しかし，もし摩擦がなかったとしたら，我々の日常生活は大変なことになる．靴は床の上でつるつる滑り，動き出すことも，止まることもできない．ちょうどスケートをはじめたばかりの人が氷の上でもがいているようなものである.

簡単で面白い摩擦の実験がある．直径2〜3 cmの棒にタコ糸を4〜5回巻きつけ，糸の一端に50 g程度のおもり(たとえば小型のホッチキスなど)を結び，他端を引いてみよう．摩擦が強く，なかなかおもりを引き上げることはできない．円柱に巻いた糸の摩擦は，力学の理論形成に大きな役割を果したオイラーが最初に解析した.

例題 2.1 地球を回る人工衛星では，地球の重力と回転運動の遠心力が互いに打ち消しあい，無重力状態が実現している．宇宙飛行士が衛星の中で浮いているとしよう．質量 500 g の物体と 5 kg の物体がやはり浮いている．飛行士が物体を動かそうとするとき，どちらの物体が動かしやすいか．無重力状態で浮いているのであるから，動かしやすさは同じだろうか．

［**解**］ 物体が運動状態を保とうという性質は慣性であるが，慣性は何で決まるかを述べなければならない．たとえば，同じ速さのゴムまりと，硬式野球のボールを素手で受け止める場合を考えよう．手に受けるショックは当然，硬式野球のボールの方が大きい．手にショックを受ける理由は一定の速さで直線運動をしているボールを止めようとするからである．つまり，ボールに慣性があるからである．ゴムまりと硬式野球のボールでは，質量が異なるから，手に受けるショックが違う．質量の大きい物体は慣性が大きく，受け止めたときの衝撃も大きい．

人工衛星の中で宙に浮いて静止している物体にも当然慣性がある．慣性は質量によるから，5 kg の物体の方が 500 g の物体より動かしにくい．

問　題 2-1

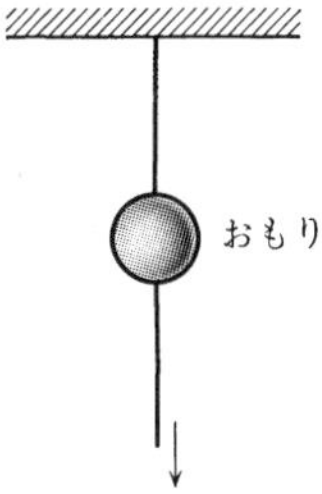

[1] 天井から糸でおもりを釣り下げ，さらにそのおもりの下に上と同じ糸をつける(右図)．2通りの方法で，下の糸を手で引き，糸を切ってみる．まず，糸を引く力を徐々に強くしていくと，おもりより上の糸が切れる．また，糸を急に強く引くと，下の糸が切れる．引き方によって，切れる糸の位置がちがう理由を考えよ．

[2] 次の運動で慣性の法則が近似的にでも成り立っているものはどれか．

(i) 地球が太陽のまわりを公転する．

(ii) 月が地球の引力に引かれて地球に近づかず，宙に浮いている．

(iii) 手にもった石を放すと落下する．

(iv) 氷の上でおもりを押すと，遠くまで滑っていく．

2–2　運動の法則(運動の第 2 法則)

運動の第 2 法則はニュートンの運動の 3 法則の中で中心的な役割りを果している．運動の法則というとき，単に第 2 法則だけを指す場合がある．

運動の第 2 法則　「運動量の時間変化の割合いは，その物体にはたらく力に等しい．」　運動量は物体の質量 m と速度 $\boldsymbol{v}$ の積に等しく，$\boldsymbol{p}$ と書く．

$$\boldsymbol{p} = m\boldsymbol{v} \tag{2.1}$$

運動方程式　物体にはたらく力を $\boldsymbol{F}$ とすると，第 2 法則は次の形に書ける．

$$\boxed{\frac{d\boldsymbol{p}}{dt} = \boldsymbol{F}} \quad \text{あるいは} \quad \boxed{m\frac{d\boldsymbol{v}}{dt} = \boldsymbol{F}} \tag{2.2}$$

これを運動方程式という．速度 $\boldsymbol{v}$ を位置 $\boldsymbol{r}$ の時間微分で表わすと，(2.2)の第 2 式は

$$\boxed{m\frac{d^2\boldsymbol{r}}{dt^2} = \boldsymbol{F}} \tag{2.3}$$

と書き改めることもできる．速度の時間変化の割合い $d\boldsymbol{v}/dt$ を加速度とよび，$\boldsymbol{a}$ で表わすと，運動方程式は

$$m\boldsymbol{a} = \boldsymbol{F} \tag{2.4}$$

と書くこともできる．

力の単位　1 kg の物体に 1 m/s² の加速度を生じさせる力の大きさを 1 ニュートン(N)とよぶ．力の単位は 1 N=1 kg·m/s² である．運動量の単位は kg·m/s である．重力加速度 g は 9.8 m/s² であるから，1 kg の物体に加わる重力の大きさは 9.8 N に等しい．これを 1 kg 重という．

慣性系　運動の法則がそのままで成り立つ座標系を**慣性系**という．地球に固定した座標系は近似的に慣性系と見てさしつかえない．

例題 2.2 はじめに静止していた物体が摩擦の無視できる斜面を滑り落ちるとき，その距離は経過した時間 t の 2 乗に比例する．斜面に沿って下向きに x 方向をとると，距離と時間の関係は $x=at^2$ と書ける．次の問に答えよ．

(i) ある一定の時間間隔(たとえば T)のあいだに物体が滑る距離の比を $t=0$ から測定すると 1:3:5:… になった．これを，式 $x=at^2$ から示せ．

(ii) 物体の質量を m とするとき，物体の運動量の大きさを求めよ．

(iii) 物体にはたらく x 方向の力の大きさを計算せよ．

［解］ (i) $t=0$ から測って，時刻 $(n-1)T$ と nT の間に滑る距離を X_n とし，$t=0$ から $t=nT$ までに物体が滑る距離を x_n とすると，$X_n=x_n-x_{n-1}$ である．一方，$x_n=an^2T^2$，$x_{n-1}=a(n-1)^2T^2$ に注意すると，

$$\begin{aligned} X_n &= an^2T^2-a(n-1)^2T^2 \\ &= a(2n-1)T^2 \end{aligned}$$

を得る．これから距離 X_n の比を作ると，

$$X_1:X_2:X_3:X_4:\cdots = 1:3:5:7:\cdots$$

となることがわかる．

(ii) 物体の速度 v は

$$v = \frac{dx}{dt} = 2at$$

であるから，運動量 p の大きさは

$$p = mv = 2mat$$

となる．

(iii) 物体にはたらく力 F の大きさは，質量と加速度 d^2x/dt^2 の積

$$F = m\frac{d^2x}{dt^2}$$

によって与えられる．加速度は

$$\frac{d^2x}{dt^2} = 2a$$

である．したがって，力 F の大きさは $F=2ma$ となる．

この結果は次のことを示している．1 次元の運動で，物体の位置 x が時間 t の平方に比例して変化するとき，物体に加わる力または加速度は，一定である．逆に，一定の力を受ける物体は，時間の平方に比例して位置が変化すると予想される．この予想は，運動方程式を実際に解かないと確かめられない．

例題 2.3 半径 a の円周上を一定の速さで，反時計回りに回転している物体の位置は

$$x = a\cos\omega t, \qquad y = a\sin\omega t$$

と表わされる．この運動について，次の問に答えよ．

(i) 速度はつねに円の接線方向を向くことを示せ．

(ii) 加速度，または，力はつねに円の中心を向き，速度と直交していることを示せ．

(iii) どのような力が(ii)で示した性質をもっているか．

［解］ (i) x 方向，y 方向の速度を v_x, v_y とすると

$$\left.\begin{aligned} v_x &= \frac{dx}{dt} = -a\omega\sin\omega t \\ v_y &= \frac{dy}{dt} = a\omega\cos\omega t \end{aligned}\right\} \qquad (1)$$

と計算できるから，速さ v は $v=\sqrt{{v_x}^2+{v_y}^2}=a\omega$ となる．

右図で，x 軸を基準とした位置ベクトル $\overrightarrow{\mathrm{OP}}$ の傾きを α とすると

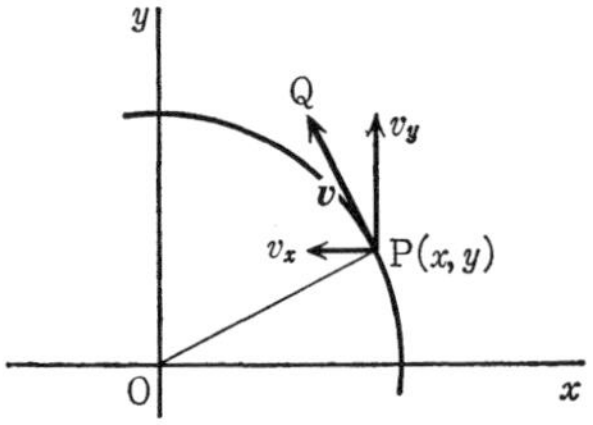

$$\alpha = \frac{y}{x} = \tan\omega t$$

になる．一方，速度ベクトル $\overrightarrow{\mathrm{PQ}}$ の x 軸に対する傾きを β とすると，(1)から

$$\beta = \frac{v_y}{v_x} = -\cot\omega t$$

である．したがって，$\alpha\beta=-1$ を得る．これは，ベクトル $\overrightarrow{\mathrm{OP}}$ と $\overrightarrow{\mathrm{PQ}}$ が直交していることを意味する．つまり，速度ベクトルはつねに円の接線方向を向いていることが証明された．

(ii) 加速度の x 方向成分，y 方向成分を α_x, α_y とすると

$$\alpha_x = \frac{dv_x}{dt} = \frac{d^2x}{dt^2} = -a\omega^2\cos\omega t$$

$$\alpha_y = \frac{dv_y}{dt} = \frac{d^2y}{dt^2} = -a\omega^2\sin\omega t$$

である．$a\cos\omega t$, $a\sin\omega t$ は，それぞれ，物体の位置の x 座標，y 座標にほかならない．したがって，

$$\alpha_x = -\omega^2 x, \qquad \alpha_y = -\omega^2 y$$

であり，加速度ベクトルは位置ベクトルに対し，向きが反対で，大きさが ω^2 倍であることがわかる．加速度，または，力はつねに円の中心を向き，速度ベクトルと直交して

いる.

(iii) 力が座標の原点に向かい，原点からの距離の関数であるとき，この力は中心力とよばれる．中心力には，たとえば，重力がある．重力はつねに2つの物体を結ぶ直線上にはたらく．また，速度と直角方向にはたらく力としては，電荷をもつ粒子に作用する磁気的な力もある．

円運動をする物体にはたらく力はつねに円の中心に向くが，逆に，中心力を受ける物体は必ずしも円運動をするわけではないことに注意しよう．これは，第4章でくわしく学ぶ．

問題 2-2

[1] 1次元の運動で，物体の速度 v が時間 t の関数として，$v=a\exp(-bt)$ で与えられるとき，物体にはたらく力は速度 v に比例することを確かめよ．

[2] 前問で，物体の速度が $v=a\{1-\exp(-bt)\}$ のとき，物体にはたらく力はどのような性質をもっているか．

[3] 物体の位置 x が例題2.2と異なり，$x=at^2+bt+c$ で表わされるとき，物体の加速度を求めよ．係数 b と c はどのような物理量であるかを右図を参考にして考察せよ．

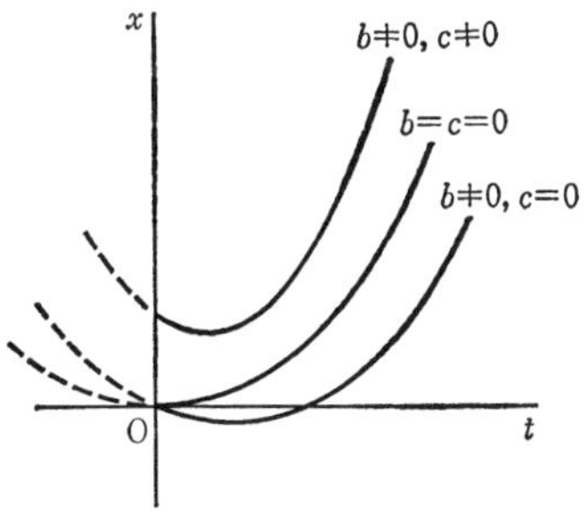

[4] 位置が $x=a\cos\left(\sqrt{\dfrac{k}{m}}t\right)$ で与えられる1次元の振動をしている物体がある．この物体に作用する力は位置 x のどのような関数になるか．その力は $x>0$, $x<0$ のとき，それぞれ，どちらの方向を向くかを述べよ．ただし，k は正の定数，m は質量である．

2-3　作用・反作用の法則(運動の第3法則)

2つ，または，それ以上の個数の物体が力を及ぼしあっている運動を調べるときに有用となる作用・反作用の法則について学ぶ.

運動の第3法則　「物体1が物体2に力を及ぼせば，物体2は物体1に対し，大きさが同じで逆向きの力を必ず及ぼす.」 この法則を作用・反作用の法則というのが習慣である.

運動量保存の法則　質量 m_1, m_2 の2つの物体が互いに力を及ぼし合っているが，他から力を受けていない場合，2つの物体の運動量の和 $m_1\boldsymbol{v}_1+m_2\boldsymbol{v}_2$ は変わらない. ここで，$\boldsymbol{v}_1, \boldsymbol{v}_2$ はそれぞれの物体の速度である. これを運動量保存の法則という.

質点　物体の運動を考えるとき，物体の大きさを問題にしないで，質量をもった点として扱うことができる. これを**質点**という. 地球などの惑星も，太陽のまわりの公転だけを考えるときは質点とみなすことができる. しかし，小さな分子でも，その回転を扱うときには質点とみなすことはできない.

重心(質量中心)　質量が m_1, m_2 の2つの質点が，それぞれ $\boldsymbol{r}_1, \boldsymbol{r}_2$ の位置にあるとき

$$\boldsymbol{r}_{\mathrm{G}}=\frac{m_1\boldsymbol{r}_1+m_2\boldsymbol{r}_2}{m_1+m_2} \tag{2.5}$$

で与えられる $\boldsymbol{r}_{\mathrm{G}}$ を**重心**，または**質量中心**という. 運動量の保存則が成り立っているとき

$$\frac{d\boldsymbol{r}_{\mathrm{G}}}{dt}=\text{一定} \tag{2.6}$$

である. $d\boldsymbol{r}_{\mathrm{G}}/dt$ は重心の速度を意味するから，これは他から力を受けていなければ，重心の運動状態は変化しないことを表わしている. この結果は，2つ以上の物体からなる**質点系**についても成立する.

例題 2.4 物体2が物体1に及ぼす力を $\boldsymbol{F}_{21}$，物体1が物体2に及ぼす力を $\boldsymbol{F}_{12}$ とすると，作用・反作用の法則から $\boldsymbol{F}_{21}=-\boldsymbol{F}_{12}$ である．他からの力(外力)がなければ，物体1と2の運動方程式は

$$m_1\frac{d\boldsymbol{v}_1}{dt}=\boldsymbol{F}_{21},\qquad m_2\frac{d\boldsymbol{v}_2}{dt}=\boldsymbol{F}_{12}$$

と書ける．ただし，物体1の質量を m_1，速度を $\boldsymbol{v}_1$，物体2のそれらを $m_2, \boldsymbol{v}_2$ とした．

作用・反作用の法則とこれらの運動方程式から，運動量の保存則

$$m_1\boldsymbol{v}_1+m_2\boldsymbol{v}_2=\text{一定}$$

を導け．

［**解**］ 作用・反作用の法則は

$$\boldsymbol{F}_{21}+\boldsymbol{F}_{12}=0$$

と書くことができる．これに運動方程式を代入すると

$$m_1\frac{d\boldsymbol{v}_1}{dt}+m_2\frac{d\boldsymbol{v}_2}{dt}=0 \tag{1}$$

を得る．質量 m_1 と m_2 は時間によらず一定であると考えられるから，

$$m_1\frac{d\boldsymbol{v}_1}{dt}=\frac{d}{dt}(m_1\boldsymbol{v}_1),\qquad m_2\frac{d\boldsymbol{v}_2}{dt}=\frac{d}{dt}(m_2\boldsymbol{v}_2)$$

と書き改めることができる．このとき(1)式は

$$\frac{d}{dt}(m_1\boldsymbol{v}_1+m_2\boldsymbol{v}_2)=0$$

となる．$m_1\boldsymbol{v}_1+m_2\boldsymbol{v}_2$ の時間微分が0であることは，それが時間の関数ではないことを意味する．つまり，$m_1\boldsymbol{v}_1+m_2\boldsymbol{v}_2$ は定数または0である．0は定数の特別な場合であると考えれば，これは

$$m_1\boldsymbol{v}_1+m_2\boldsymbol{v}_2=\text{一定}$$

に等しい．こうして，作用・反作用の法則が成り立ち，外力がなければ，運動量の保存則を導くことができる．

［**注意1**］ 運動のあいだに物体が2つ以上に分裂する場合にも運動量の保存則は成立する．たとえば，はじめに静止していた物体が2個に分裂したとする．分裂前の運動量は0であるから，分裂後もそのまま0でなければならない．また，重心の速度も分裂前の速度に等しくなければならないから，0である．

［**注意2**］ 力学に限らず物理の問題を解く際，運動のあいだ一定に保たれる量，すなわち，保存則を見い出すことができれば，大いに役に立つ．運動量の保存則はその代表の1つである．このほかに，エネルギーの保存則，角運動量の保存則などがある．

例題 2.5 人工衛星などの推進に使われるエンジンは，高速ガスを後方に噴射して推力を得ている．このエンジンによる推進を簡単なモデルで考えてみよう(右図)．はじめ，滑らかな水平面上に静止していた質量 M の物体が，質量 $m\,(m<M)$ の物体2を後方に放出して x の正の方向に速度 v で走りだしたとする．物体2は質量 $M-m$ の物体1に対し速度 u で放出されたとすると，速度 v はどのように書き表わされるか．また，質量 M の物体がはじめ速度 v_0 で動いている場合，物体2を放出後，速度 v はどうなるか．

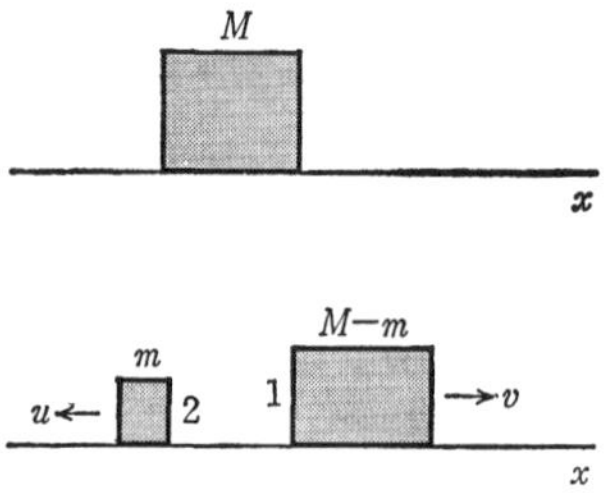

［解］ 運動量の保存則が成り立つことを使って解くことができる．はじめに物体が静止している場合，運動量は0である．物体2を放出したあとも，2つの物体の運動量の和は0に等しい．物体1の運動量は $(M-m)v$ である．物体2は1に対し速度 u であるから，静止した座標系でみると，x の正方向に速度 $v-u$ をもつ．したがって運動量は $m(v-u)$ である．2つの物体の運動量の和が0であることを用いると

$$0 = (M-m)v+m(v-u)$$

となり，速度

$$v = \frac{m}{M}u \tag{1}$$

を得る．v は放出する物体2の質量 m と放出する速度 u に比例する．つまり，大きな速度 v を得るには，質量の大きい物体を放出するか，放出速度 u を大きくすればよい．

物体2の速度 $v-u$ は

$$v-u = \frac{m-M}{M}u$$

となり，常に負であることに注意しよう．これは，運動量が0に保たれ，重心の位置が変わらないためには，2つの物体が互いに逆向きに運動しなければならないことを意味している．

はじめに，物体が速度 v_0 で動いているときには，運動量 Mv_0 が一定に保たれる．このとき，運動量の保存則は

$$Mv_0 = (M-m)v+m(v-u)$$

と書くことができ，これから速度 v を

$$v = v_0 + \frac{m}{M}u$$

と求めることができる．(1)と比べると，はじめに速度 v_0 で運動していた分だけ速度がずれていることが理解できる．

問　題 2-3

[1]　日常生活で見られる現象の中で，作用・反作用の法則を体験，あるいは実験できる例を挙げよ．

[2]　質量 m_1, m_2 の2つの質点の位置ベクトルを $\boldsymbol{r}_1, \boldsymbol{r}_2$ としたとき，重心の位置ベクトル $\boldsymbol{r}_G$ は

$$\boldsymbol{r}_G = \frac{m_1\boldsymbol{r}_1 + m_2\boldsymbol{r}_2}{m_1 + m_2}$$

で与えられる．(i) $m_1 = m_2$，あるいは　(ii) $m_1 \gg m_2$ のとき，$\boldsymbol{r}_G$ を求めよ．$\boldsymbol{r}_G$ はそれぞれの場合，どのようなベクトルであるかを述べよ．

[3]　前問で与えた重心の位置ベクトル $\boldsymbol{r}_G$ の先端は，2つの位置ベクトル $\boldsymbol{r}_1$ と $\boldsymbol{r}_2$ を結ぶ直線上にあり，かつ，2つのベクトルにはさまれていることを示せ．

[4]　同一直線上を速度 $v_1, v_2\ (v_1 > v_2)$ で運動している質量 m_1, m_2 の2つの物体が衝突して一体となった．合体後の速度を求めよ．その速度は衝突前のどのような速度に相当するか．衝突したあと静止するには，速度の比 v_2/v_1 がいくつであればよいか．ただし，$v_1 > 0$ とする．

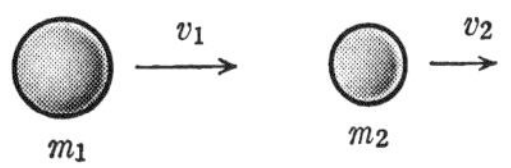

2-4　運動量と力積

瞬間的にはたらく力(撃力という)を受けた物体の運動を解析するときに有効な力積という概念について学ぶ.

力積　運動方程式

$$\frac{d\boldsymbol{p}}{dt} = \boldsymbol{F} \tag{2.7}$$

は，運動量 $\boldsymbol{p}$ の変化 $d\boldsymbol{p}$ を表わす

$$d\boldsymbol{p} = \boldsymbol{F}dt$$

と書ける．これを積分して，運動量の変化

$$\boldsymbol{p}(t)-\boldsymbol{p}(t_0) = \int_{t_0}^{t}\boldsymbol{F}dt \tag{2.8}$$

を得る．力 $\boldsymbol{F}$ を時間で積分した右辺の量を**力積**という．(2.8)式は運動量の変化は力積に等しいことを述べている．力 $\boldsymbol{F}$ が時間によらず一定の場合，(2.8)式は次のように書ける．

$$\boldsymbol{p}(t)-\boldsymbol{p}(t_0) = (t-t_0)\boldsymbol{F} \tag{2.9}$$

衝突と反発係数　速さ v で飛んできたボールが静止した壁に垂直に当たり，速さ v' ではねかえったとする．ボールの質量を m とすれば，衝突後の運動量は $p'=mv'$，衝突前の運動量は $p=-mv$ である．この衝突で壁がボールに及ぼした力積 I は，ボールの運動量の変化に等しい．

$$I = mv'-(-mv) = m(v+v') \tag{2.10}$$

衝突前後の速さの比

$$e = \frac{v'}{v} \tag{2.11}$$

を**反発係数**または**はねかえり係数**という．$v' \leqq v$ であるから $0 \leqq e \leqq 1$ である．$e=1$ のとき，$v'=v$, $I=2mv$ であり，**完全弾性衝突**という．$e=0$ のとき，$v'=0$, $I=mv$ である．このような衝突は**完全非弾性衝突**という．

例題 2.6 速さ 8 m/s，質量 500 g のパイを顔にぶつけられたとき，顔に受ける力はいくらか．また，野球で死球(デッドボール)を受けたときの力はどの程度か．ボールの速さを 40 m/s(144 km/h)，質量を 145 g とせよ．いずれの場合も力が加わる時間は，パイまたはボールが，はじめの速さで 5 cm 動く時間とする．また，顔にぶつかったあと，パイとボールの速さは 0 になるとする．

［**解**］ 運動量の変化を $\varDelta p$ とすると，パイの場合

$$\varDelta p = 8 \times 0.5 = 4\ \mathrm{kg \cdot m/s}$$

である．力が加わっている時間 $\varDelta t$ は

$$\varDelta t = \frac{0.05}{8} = 6.25 \times 10^{-3}\ \mathrm{s}$$

であるから，$\varDelta p = F\varDelta t$ より顔の受ける力を F として

$$F = \frac{4}{6.25 \times 10^{-3}} = 640\ \mathrm{N}$$

を得る．

一方，デッドボールでは，運動量の変化は

$$\varDelta p = 0.145 \times 40 = 5.8\ \mathrm{kg \cdot m/s}$$

であり，時間 $\varDelta t$ は

$$\varDelta t = \frac{0.05}{40} = 1.25 \times 10^{-3}\ \mathrm{s}$$

となる．したがって，力 F は

$$F = \frac{\varDelta p}{\varDelta t} = 4640\ \mathrm{N}$$

と計算される．

［**注意**］ 上で計算した力を物体にはたらく重力の大きさで表わしてみよう．1 kg 重は 9.8 N に等しいことを用いると，パイの場合，力は 65 kg 重であり，デッドボールでは 470 kg 重である．これは，65 kg または 470 kg の物体を静かに置いたときの重さを意味している．

デッドボールの場合，力がはたらいている時間は上の値 1.25×10^{-3} s よりかなり短いと予想される．さらに，反発係数を 0 とおいて，衝突後の速度を 0 としたが，実際には反発係数は 0 でなく運動量の変化は大きくなるであろう．これらのことを考慮すると，デッドボールで受ける力は上の値の 10 倍以上になると思われる．

例題 2.7　床の上に置かれたロープの一端をつかみ，一定の速度 v で持ち上げている人がいる．ロープの先端の高さが x になったとき，手に加わる力はいくらか．ロープの質量は単位長さ当り m とする．

［**解**］　手には 2 種類の力が加わる．1 つは長さ x のロープを支えるための力であり，他の 1 つは床の上に静止していたロープを持ち上げるときに速度 v を与えるための力である．

第 1 の力を F_1 とすると，それはロープの質量 mx と重力加速度 g の積

$$F_1 = mxg$$

で与えられる．

一方，第 2 の力 F_2 については，運動量の変化と力積の関係から求めなければならない．時間 Δt のあいだに質量 Δm のロープに速度 v を与えるとすると，運動量の変化は Δmv，力積は $F_2\Delta t$ である．したがって

$$\Delta mv = F_2\Delta t$$

が成り立ち

$$F_2 = \frac{\Delta m}{\Delta t}v \tag{1}$$

を得る．右辺の $\Delta m/\Delta t$ は質量の増加の割合いを表わす．単位長さ当り質量 m のロープが単位時間に v だけ引き上げられるから，$\Delta m/\Delta t = mv$ である．ゆえに

$$F_2 = mv^2$$

となる．結局，手にかかる力 F は F_1 と F_2 の和

$$F = m(gx + v^2)$$

である．

持ち上げる速度 v が小さければ，手にかかる力は長さ x のロープを支える力にほぼ等しい．速度 v を大きくすると v^2 に比例した余分な力を加えなければならない．

［**注意**］　(1)の $\Delta m/\Delta t$ を計算するときつぎのようにしてもよい．分母，分子に Δx を掛けると

$$\frac{\Delta m}{\Delta t} = \frac{\Delta m}{\Delta x}\frac{\Delta x}{\Delta t} \tag{2}$$

となる．右辺のはじめの項 $\Delta m/\Delta x$ は単位長さ当りの質量，$\Delta x/\Delta t$ はロープを持ち上げる速度であるから，

$$\frac{\Delta m}{\Delta t} = mv$$

を得る.

$\Delta t \to 0$ の極限をとると(2)は

$$\frac{dm}{dt}=\frac{dm}{dx}\frac{dx}{dt}$$

と書ける. これは, 質量 m が時間 t の関数であるものを x の関数と考え, その x が時間 t の関数であるとみている. このような方法は力学の問題を解くとき, しばしば用いられる.

問 題 2-4

[1] 質量 m の物体が右図のように角度 θ で壁に衝突する. 衝突の前後で速さは変わらず v であるとするとき, 壁と平行方向および垂直方向の速度の変化を求め, 壁が受ける力積を計算せよ. また, 力積が最大になる角度はいくらか.

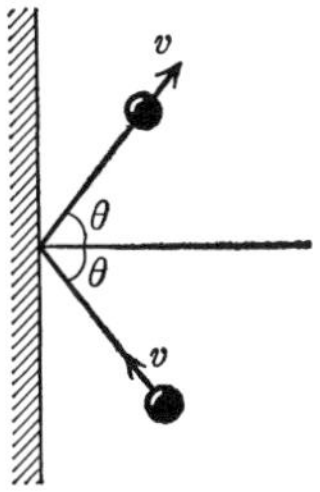

[2] 機関銃で毎分 800 発タマを標的に打ち込んでいる. タマの重さを 30 g, 標的に当る直前のタマの速さを 350 m/s としたとき, 標的に加わる力は何 N か. それは何 kg の重さに相当するか.

[3] 密度 ρ kg/m³ の水が速度 v m/s で面積 A m² の板に当っている(右図). 板を支えるには何 N の力が必要か.

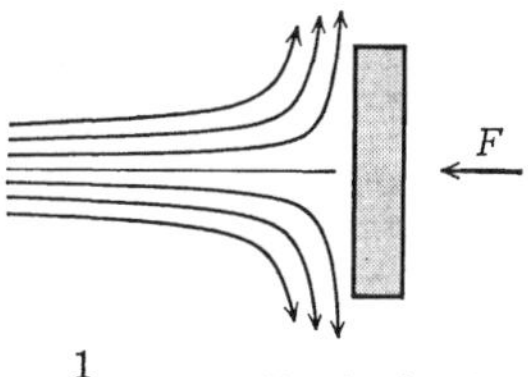

[4] プロ野球で使用しているボールは, コルクの芯にゴムを巻き, その上を毛糸と木綿糸で巻き, 牛皮か馬皮で包んで閉じてある. 重さは 5 オンス(約 142 g)から $5\frac{1}{4}$ オンス(約 149 g)のあいだになければならない. また, ボールの反発は次の条件を満たさなければならない. 13 フィート(約 3.96 m)の高さから 2 フィート平方, 厚さ 2 インチの大理石の上にボールを落とし, 4 フィート 7 インチ(約 1.40 m)から 4 フィート 9 インチ(約 1.45 m)の高さまではねかえる. このとき, ボールの反発係数はいくらか.

3

運動とエネルギー

前の章では力学の基礎となる運動の法則について学んだ．この章では物体にはたらく力を具体的に与えて運動の法則（運動方程式）を書き，それを解いて物体の運動を求める．運動方程式は微分方程式であるから，運動を求めることは微分方程式を解くことにほかならない．ここでは，1次元と2次元の簡単な運動を取り扱う．力のする仕事，力学的エネルギーの保存則についても学ぶ．

3-1　直線上の運動

最も簡単な1つの直線上の運動について学ぶ.

運動方程式　一直線上を質量 m の物体が運動している. このとき, その直線に沿って x 軸をとり, 物体に加えられている力を f とすると, **運動方程式**は

$$m\frac{d^2x}{dt^2} = f \tag{3.1}$$

となる. 物体の速度を v とすると, 上の運動方程式は

$$\frac{dx}{dt} = v, \qquad m\frac{dv}{dt} = f \tag{3.2}$$

とも書ける. 力 f が位置 x, 速度 v, あるいは時間 t の関数として与えられ, $t=0$ における物体の位置と速度が決まると, それ以後の位置と速度が運動方程式から決まる. はじめの位置と速度を**初期条件**という.

一直線上の運動を1次元の運動ともいう.

等速直線運動　力がはたらかない($f=0$)場合, 運動方程式 $dv/dt=0$, $v=dx/dt$ の解は

$$v = v_0\,(=\text{一定}), \qquad x = v_0t+x_0 \tag{3.3}$$

となる. v_0, x_0 ははじめ($t=0$)の速度と位置を表わす. これは一定の速さの直線運動で, **等速直線運動**あるいは**等速度運動**という.

等加速度運動　力 f_0 が一定の場合, 運動方程式 $mdv/dt=f_0$ を積分して

$$v = \frac{f_0}{m}t+v_0 \tag{3.4}$$

を得る. これを $dx/dt=v$ に代入し, 積分すると

$$x = \frac{1}{2}\frac{f_0}{m}t^2+v_0t+x_0 \tag{3.5}$$

となる. 加速度 f_0/m は一定であるから, この運動を**等加速度運動**という.

例題 3.1　重力を受けて鉛直方向に運動する質量 m の物体の運動方程式を求めよ．ただし，重力加速度を g とし，鉛直上方を y 軸の正方向にとるものとする．この運動方程式を解き，位置 y，速度 v を時間の関数として求めよ．初期値 y_0, v_0 の正負に応じて，y-t グラフ，v-t グラフがどのように変わるか図示せよ．

［解］　質量 m の物体にはたらく重力は $-mg$ であるから，運動方程式は

$$m\frac{dv}{dt} = -mg, \qquad \frac{dy}{dt} = v$$

と書くことができる．第 1 式の両辺を m で割り，積分すると

$$v = -gt + v_0 \tag{1}$$

を得る．この結果を第 2 式に代入しもう一度積分すると，位置 y を

$$y = -\frac{1}{2}gt^2 + v_0 t + y_0 \tag{2}$$

と表わすことができる．v_0, y_0 は $t=0$ における速度と位置である．

位置と時間の関係式(2)を書き改めると

$$y = -\frac{1}{2}g\left(t - \frac{v_0}{g}\right)^2 + \frac{1}{2}\frac{{v_0}^2}{g} + y_0$$

となり，これを図示すると図 1 を得る．初期条件は次の通りである．(i) $y_0>0, v_0>0$，(ii) $y_0>0, v_0<0$，(iii) $y_0<0, v_0>0$，(iv) $y_0<0, v_0<0$．初速度 v_0 が正のとき，物体ははじめ上昇し，$t=v_0/g$ で最高の高さ ${v_0}^2/(2g)+y_0$ に達し，その後落下する．$v_0 \leqq 0$ のときには，物体は上昇せずに落下する．

速度と時間の関係を表わす式(1)を図 2 に示す．(i)は $v_0>0$ のとき，(ii)は $v_0<0$ のときのグラフである．初速度 v_0 が負であれば，速度はつねに負であるが，正の場合には $t=v_0/g$ まで $v \geqq 0$，それ以後 $v<0$ となる．$v=0$ になる時間は $t=v_0/g$ である．

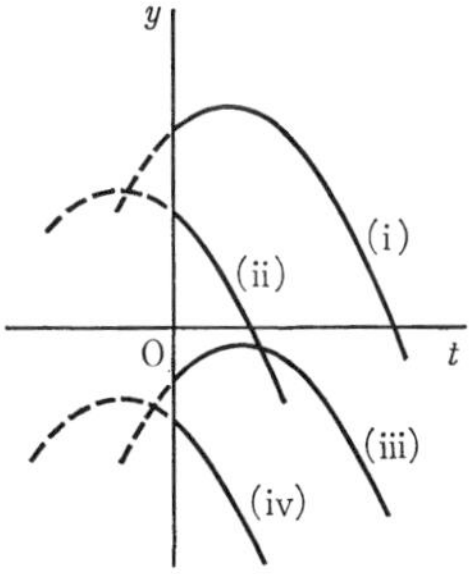

図 1

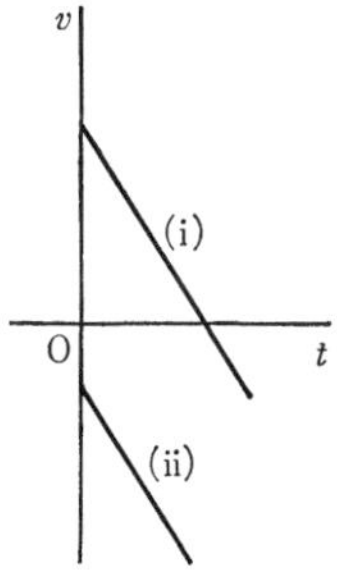

図 2

例題 3.2　水平面上を x の正方向に直線運動する物体が速度 v に比例し，運動方向と逆向きの力(抵抗) $-bv$ ($b>0$)を受けるとする．この物体の運動方程式を書け．さらに，運動方程式を解き，物体の速度と位置を時間の関数として求めよ．ただし，$t=0$ における物体の位置は 0，速度は v_0 であるとする．

［**解**］　物体は $-bv$ の力を受けるので，物体の質量を m とすると運動方程式は

$$m\frac{dv}{dt} = -bv, \qquad \frac{dx}{dt} = v \tag{1}$$

となる．運動方程式を解くために(1)の第 1 式を

$$\frac{dv}{v} = -\frac{b}{m}dt$$

と書き改め，積分する．左辺の積分は例題 1.5 で与えた公式を用いると，$\log v + c_1$ となる．ここで，c_1 は積分定数である．右辺の積分は $-bt/m$ である．したがって，積分の結果

$$\log v + c_1 = -\frac{b}{m}t$$

を得る．$t=0$ で $v=v_0$ であるから，積分定数 c_1 は $-\log v_0$ となる．つまり，

$$\log\frac{v}{v_0} = -\frac{b}{m}t$$

である．これを v について解くと，速度は時間の関数として

$$v = v_0 \exp\left(-\frac{b}{m}t\right) \tag{2}$$

と表わされる．この速度 v を(1)の第 2 式に代入した

$$\frac{dx}{dt} = v_0 \exp\left(-\frac{b}{m}t\right)$$

を積分すると，位置 x は

$$x = -\frac{mv_0}{b}\exp\left(-\frac{b}{m}t\right) + c_2$$

となる．積分定数 c_2 は，初期条件($t=0$ で $x=0$)から $c_2 = mv_0/b$ と決められる．これを上式に入れて

$$x = \frac{mv_0}{b}\left\{1-\exp\left(-\frac{b}{m}t\right)\right\} \tag{3}$$

を得る．解(2)と(3)を右図に示す．物体は mv_0/b だけ動いて停止する．

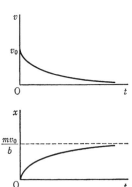

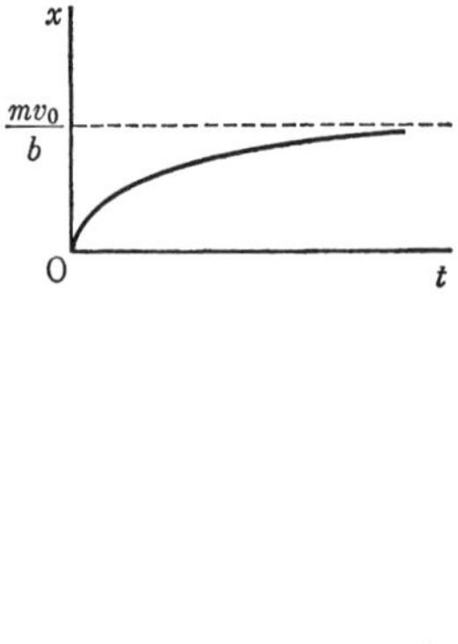

問　題 3-1

[1]　初速度0の物体が重力を受けて落下する運動を自由落下という．例題3.1の結果を用い，自由落下する物体の位置と速度を時間の関数として求めよ．ただし，$t=0$ における物体の位置 y_0 は0とする．また，これらの式から時間 t を消去し，位置と速度の関係式を導き，h だけ落下したときの物体の速さを求めよ．

[2]　例題3.1で $y_0=-h$ の位置から物体を投げ上げたところ，最高点が $y=0$ になった．初速度 v_0 を求めよ．この速さ v_0 は前問で求めた，h だけ自由落下したときの速さに等しいことを確かめよ．

[3]　速度 v に比例する空気抵抗を受けながらゆっくり落下する質量 m の物体に対する運動方程式は

$$m\frac{dv}{dt} = -mg-bv \qquad (b>0)$$

となる．ここで，鉛直上方に向かう速度を正にしている．この運動方程式を解く方法の1つに，つぎの変数変換を用いるものがある．右辺を $-b$ でくくり $v+\dfrac{mg}{b}=u$ とおくと，運動方程式は

$$m\frac{du}{dt} = -bu$$

となる．これを解き，解をもとの変数 v で書き改め，速度 v を時間の関数として求めよ．ただし，$t=0$ で $v=0$ という初期条件を用いよ．

[4]　高速で運動する物体は速度の2乗に比例する空気抵抗 $-bv^2$ を運動方向と逆向きに受ける．鉛直上方へ向かう速度を正として，次の問いに答えよ．

(i)　鉛直上方に投げられた物体が，重力と空気抵抗を受けて運動している．運動方程式を書け．

(ii)　前問とは逆に落下しているときの運動方程式を書け．十分時間がたつと，重力と抵抗が釣り合って物体は一定速度で落下する．そのときの速度 v_∞ を求めよ．

3-2　斜面に沿う運動

斜面に沿って動く物体の運動を，摩擦のある場合とない場合に分けて考える．

力の分解　摩擦のないなめらかな斜面をすべり下りる質量 m の物体を考える．物体には大きさ mg の重力がはたらき，図 3-1 のように鉛直下向きのベクトルで表わされる．このベクトル $m\boldsymbol{g}$ を斜面に沿うベクトル $\boldsymbol{f}$ と斜面に垂直なベクトル $\boldsymbol{f}'$ に分解すると

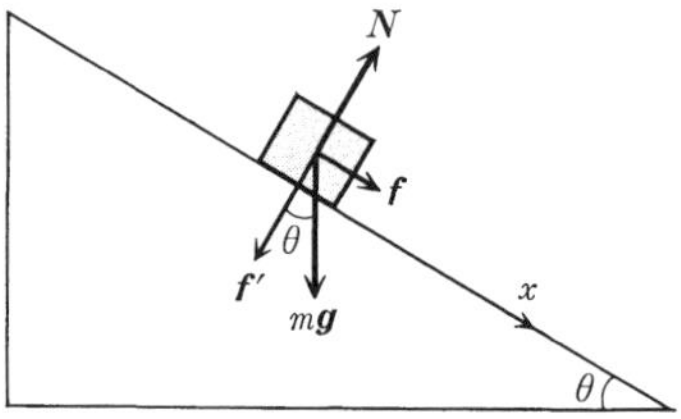

図 3-1

$$m\boldsymbol{g} = \boldsymbol{f}+\boldsymbol{f}' \qquad (3.6\text{a})$$

である．分力 $\boldsymbol{f}, \boldsymbol{f}'$ の大きさ f, f' は図から

$$f = mg\sin\theta, \qquad f' = mg\cos\theta \qquad (3.6\text{b})$$

である．斜面に沿う加速度は $g\sin\theta$ である．斜面と垂直方向には，斜面から物体に抗力 $\boldsymbol{N}$ がはたらいて，分力 $\boldsymbol{f}'$ を打ち消している．つまり，$\boldsymbol{N}=-\boldsymbol{f}'$ である．

摩擦　摩擦のある斜面では，その上におかれた物体がそのまま静止していることがある．これは斜面に沿う静止摩擦力 $\boldsymbol{F}$ が重力の分力 $\boldsymbol{f}$ を打ち消しているからである．斜面の傾き θ がある値 θ_{m} になると物体はついに斜面に沿ってすべり出す．この限界の静止摩擦力を**最大静止摩擦力** F_{m} という．F_{m} は抗力 N に比例し

$$F_{\mathrm{m}} = \mu N = \mu mg\cos\theta_{\mathrm{m}} \qquad (3.7)$$

と書ける．ここで，μ は**静止摩擦係数**という．傾きが θ_{m} のとき，最大静止摩擦力は斜面に沿う重力の分力と大きさが等しく

$$\mu mg\cos\theta_{\mathrm{m}} = mg\sin\theta_{\mathrm{m}}$$

である．すべり出す限界の傾き θ_{m} を測れば，静止摩擦係数 μ は $\mu=\tan\theta_{\mathrm{m}}$ によって与えられる．μ が大きいほど，すべり出す限界の傾き θ_{m} も大きい．

すべり出した後に物体にはたらく**すべり摩擦力**は静止摩擦力より小さい．

例題 3.3　抗力 N に比例したすべり摩擦力 $\mu' N$ を受けて傾き θ の斜面をすべり下りる質量 m の物体にはたらく力を求め，運動方程式を書け．初速度を斜面下方に v_0 としたとき，運動方程式を解き，速度 v と位置 x を時間の関数として求めよ．物体が斜面の途中で止まるためには，角度 θ がどのような条件を満足しなければならないか．ただし，すべり摩擦係数 μ' は定数であるとする．

［**解**］　斜面に沿って下向きに x 軸をとる．物体にはたらく力は，重力の斜面に沿う分力 $mg\sin\theta$ とすべり摩擦力 $-\mu' mg\cos\theta$ の和である．したがって，運動方程式は

$$m\frac{dv}{dt} = mg\sin\theta - \mu' mg\cos\theta \tag{1}$$

となる．上式の右辺が物体にはたらく力を表わしている．この力は一定であるから，運動方程式の積分は容易である．結果は

$$v = v_0 + g(\sin\theta - \mu'\cos\theta)t \tag{2}$$

となる．ここで，初速度が v_0 であることを用いた．これをもう一度積分して物体の位置

$$x = v_0 t + \frac{1}{2}g(\sin\theta - \mu'\cos\theta)t^2 \tag{3}$$

を得る．ただし，$t=0$ で $x=0$ とした．

物体が斜面の途中で停止するためには，(1)の右辺の力が負でなければならない．つまり

$$\sin\theta - \mu'\cos\theta < 0$$

が必要である．したがって，$\tan\theta < \mu'$ すなわち

$$\theta < \tan^{-1}\mu' \tag{4}$$

でなければならない．たとえば，ぬれていないガラスどうしのすべり摩擦係数は 0.4 程度である．$\mu'=0.4$ を上式に代入すると

$$\theta < 0.38 \text{ ラジアン}$$

を得る．これは約 22° であるから，この角度よりゆるやかなガラスの斜面をすべり下りるガラスのコップはすべり摩擦によって停止することになる．

(4)を満足する斜面では物体が停止するため，上で求めた解(2)，(3)はある時間範囲のあいだでのみ成立する．(2)から速度 v が 0 になる時間 T は

$$T = \frac{v_0}{g(\mu'\cos\theta - \sin\theta)}$$

である．ひとたび停止すると，重力の斜面に沿う分力と静止摩擦力が釣り合って，それ

以後物体は動かない．したがって，(2)，(3)が成立するのは $0 \leqq t \leqq T$ のあいだだけである．この間に物体は斜面に沿って

$$x = \frac{1}{2}\frac{{v_0}^2}{g(\mu' \cos\theta - \sin\theta)}$$

まですべり下りる．

Coffee Break　歌うブランデーグラス

摩擦係数の大きさは2つの物体がふれ合う面の性質によって決まる．面の性質が同じであれば，上にのる物体の重さによらず摩擦係数は一定である．たとえば，斜面に辞書を1冊おき，傾きを次第に増したときある角度 θ_{m} で辞書がすべりだしたとする．次にもう1冊の辞書をはじめの辞書の上に重ねてすべり出す角度を測ると，それは θ_{m} と等しい．斜面と接触している辞典は同一であるから，ふれ合う面の性質は変わっていない．この簡単な実験から，すべりはじめる角度は重さによらず一定であり，静止摩擦係数も重さに依存しないことがわかる．

表面の状態によって摩擦は大きく変わる．機械に油をさすのは，接触する物体の表面をなめらかにするためである．

ところでガラスには面白い性質がある．ガラスの表面を水でぬらすと，表面に付着していた油やごみが浮き上がり，摩擦は大きくなる．たとえば，よく洗ったブランデーグラスの口に沿って，これも石けんでよく洗った指をゆっくり動かしてみよう．石けんでよく洗ってもグラスと指にはまだ油が残っているため，指はグラスの口に沿って比較的なめらかに動く．しかし，指を水でぬらして動かしてみると，油が取り除かれ，指はグラスの口をよくこすりながら動く．このとき摩擦によってグラスに振動が起き，キーンという高い音が出る．うまくグラスの口をこすると，うるさいほど大きな音を出すことができる．ワイングラスや普通のグラスでも上手にこすれば，かん高い音を出すことができる．

問　題 3–2

[1]　自動車運転の初心者にとってオートマチックでない車の坂道発進はいやなものである．坂道発進でブレーキを離してからアクセルをふかすまで 0.5 秒かかるとするとき，車は何メートル後戻りするだろうか．坂道の傾きが 10° の場合と 20° の場合について計算せよ．また，角度 θ をラジアンで表わすと，θ が小さいときの近似式 $\sin\theta \cong \theta$ が成り立つことを用いよ．

[2]　高さ 0 の点から角度 θ の斜面に沿って初速度 v_0 で運動する物体が到達できる高さはいくらか．ただし，斜面はなめらかで，摩擦はないものとする．

[3]　水平面上を運動する質量 m の物体の初速度を v_0，物体と平面のすべり摩擦係数を μ' とするとき，物体の速度が 0 になるまでに要する時間 T，その間に物体が移動する距離 X を求めよ．特に X は初速度 v_0 の平方に比例することを示せ．

[4]　前問は急ブレーキをかけた自動車の運動と同一である．ところで，急ブレーキをかけた自動車ではすべり摩擦係数が一定ではなく，速度のゆるやかな減少関数になっていて，$\mu'(1-av)$ と書けることが経験的にわかっている．この場合，運動方程式をたて，速度が 0 になる時間と，その間に自動車が進む距離を求めよ．$a\to 0$ にすると前問の結果と一致することを示せ．ただし $av<1$ とする．また，$a\to 0$ の極限を求めるとき，$|x| \ll 1$ に対する展開式，$\log(1-x) \cong -x-x^2/2$ を用いよ．

Coffee Break　車はすぐには止まれない！

急ブレーキをかけた自動車は停止するまでにどれくらい走るだろうか．ブレーキをかけてから止まるまでに車が進む距離(制動距離)を X，初速を v_0 とすると，一定の摩擦係数を仮定した問[3]から $X \propto v_0{}^2$ が得られる．ある実験による結果を下に示す．この結果は $X \propto v_0{}^2$ を満足していない．問[4]の解に $\mu'=0.63$，$a=0.017$ を代入すると，時速 80 km 以下で下の結果とよく一致する値が得られる．確かめてみよう．車はすぐには止まれない！

時速 v_0(km/h)	20	30	40	50	60	70	80	90	100
制動距離 X(m)	3	6	11	18	27	39	54	68	84

3-3 単振動

この節で扱う単振動は力学の中で最も基本的な問題の1つであると同時に，日常生活の中でしばしば観察される現象でもある．

調和振動子 一端を固定したバネの他端にとりつけられた質量 m の物体の運動を考える(図 3-2)．バネはバネの伸びまたは縮みに比例した復元力を物体に及ぼすとする．この力 F は $F=-kx$ (k は正の定数)と表わされる．これを**フック**(Hooke)**の法則**という．物体の運動方程式は

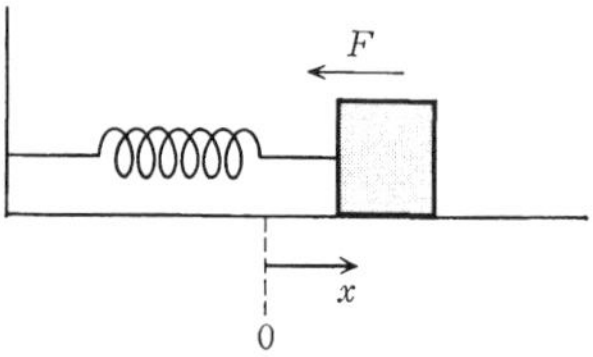

図 3-2

$$m\frac{d^2x}{dt^2} = -kx \tag{3.8}$$

である．この微分方程式の解が，A と B を任意定数として

$$x = A\sin\left(\sqrt{\frac{k}{m}}t\right) \quad \text{または} \quad x = B\cos\left(\sqrt{\frac{k}{m}}t\right) \tag{3.9}$$

であることは問題1-3 問[4]で確かめた通りである．両者を重ね合わせた

$$x = A\sin\left(\sqrt{\frac{k}{m}}t\right)+B\cos\left(\sqrt{\frac{k}{m}}t\right) \tag{3.10}$$

もまた(3.8)の解である．(3.10)は次のように書くこともできる．

$$x = a\sin\left(\sqrt{\frac{k}{m}}t+\delta\right) \tag{3.11}$$

最後の解(3.11)は復元力を受ける物体は周期的な運動(振動)をすることを示している．a を振動の**振幅**，δ を**初期位相**という．振動の周期 T，振動数(周波数) ν，角振動数(角周波数) ω はそれぞれ次式で与えられる．

$$T = 2\pi\sqrt{\frac{m}{k}}, \qquad \nu = \frac{1}{T} = \frac{1}{2\pi}\sqrt{\frac{k}{m}}, \qquad \omega = 2\pi\nu = \sqrt{\frac{k}{m}} \tag{3.12}$$

解(3.9)～(3.11)のような単振動をする系を**調和振動子**という．

例題 3.4 単振動の解

$$x = A\sin\left(\sqrt{\frac{k}{m}}t\right) + B\cos\left(\sqrt{\frac{k}{m}}t\right) \tag{1}$$

は運動方程式(3.8)を満足することを示せ．解(1)を

$$x = a_1 \sin\left(\sqrt{\frac{k}{m}}t + \delta_1\right) \tag{2}$$

あるいは

$$x = a_2 \cos\left(\sqrt{\frac{k}{m}}t + \delta_2\right) \tag{3}$$

と書いたとき，A と B を a_1 と δ_1(あるいは a_2 と δ_2)で表わせ．解(1)～(3)には任意定数が2個ずつ含まれている．その理由を考えよ．

［**解**］ 解(1)を時間 t で2度微分すると

$$\frac{d^2x}{dt^2} = -A\frac{k}{m}\sin\left(\sqrt{\frac{k}{m}}t\right) - B\frac{k}{m}\cos\left(\sqrt{\frac{k}{m}}t\right) = -\frac{k}{m}x$$

となる．第2式から第3式に移るとき(1)を用いた．最後の式は運動方程式を m で割った式である．したがって，(1)は運動方程式を満足する．

解(2)に三角関数の加法定理

$$\sin(\alpha+\beta) = \sin\alpha\cos\beta + \cos\alpha\sin\beta$$

を適用すると

$$x = a_1\cos\delta_1 \sin\left(\sqrt{\frac{k}{m}}t\right) + a_1\sin\delta_1\cos\left(\sqrt{\frac{k}{m}}t\right)$$

となる．これを(1)と比べると

$$A = a_1\cos\delta_1, \qquad B = a_1\sin\delta_1$$

を得る．a_1 と δ_1 を与えると上式から A と B が決まる．逆に，A と B を与えたとき，a_1 と δ_1 は $a_1=\sqrt{A^2+B^2}$，$\tan\delta_1=B/A$ によって表わされる．

余弦関数の加法定理 $\cos(\alpha+\beta)=\cos\alpha\cos\beta-\sin\alpha\sin\beta$ を用い，解(3)を書き改め，(1)と比較すると

$$A = -a_2\sin\delta_2, \qquad B = a_2\cos\delta_2$$

を得る．a_2 と δ_2 は A と B を用い，$a_2=\sqrt{A^2+B^2}$，$\tan\delta_2=-A/B$ と書ける．

運動方程式は x の2階微分方程式であるから，解を求めるには，2度積分しなければならない．2つの任意定数はそのときの積分定数である．積分による解法には次節のエネルギー積分の方法がある．

例題 3.5　フックの法則にしたがうバネの一端を天井に固定し，他端に質量 m の物体をつけた系を考える．バネの長さが自然長になるように物体を支えた状態から物体を静かに離したとき，物体はどのような運動をするか．物体の運動は鉛直方向に限られるとし，重力加速度を g とせよ．

［**解**］　バネが自然長のとき，物体の位置を 0 とし，鉛直上方を y 軸に選ぶと，物体にはたらく力はバネの復元力 $-ky$ と重力 $-mg$ となる．このとき，運動方程式は

$$m\frac{d^2y}{dt^2} = -ky-mg \tag{1}$$

である．$Y=y+mg/k$ とおくと，$d^2y/dt^2=d^2Y/dt^2$ であるから，上式は

$$m\frac{d^2Y}{dt^2} = -kY$$

と書ける．この解は例題 3.4 から，$\omega=\sqrt{k/m}$ とすると

$$Y = A\sin\omega t+B\cos\omega t \tag{2}$$

で与えられる．$t=0$ で $y=0, dy/dt=0$ という初期条件は，$t=0$ で $Y=mg/k, dY/dt=0$ と等しい．$t=0$ のとき，(2)から $mg/k=B$ となる．また，

$$\frac{dY}{dt} = A\omega\cos\omega t-B\omega\sin\omega t$$

に $t=0$ を代入して，$A=0$ を得る．したがって，解は $Y=(mg/k)\cos\omega t$ で与えられる．これを y で表わすと

$$y = -\frac{mg}{k}+\frac{mg}{k}\cos\omega t \tag{3}$$

を得る．これは，$y=-mg/k$ のまわりの振幅 mg/k の単振動を表わしている．$y=-mg/k$ は，バネの力 $-ky$ と重力 $-mg$ が釣り合っている位置である．振動数は水平面上においたときと同じであることに注意しよう．

［**別解**］　運動方程式(1)の右辺第 1 項を左辺に移項すると

$$m\frac{d^2y}{dt^2}+ky = -mg \tag{4}$$

となる．左辺は $y^2, y^3, \cdots$ などを含まない y の 1 次式で，右辺は y を含まないから，これは y の線形非斉次微分方程式である．この解は，(4)の特解 $y=-mg/k$ と(4)の右辺を 0 においた斉次方程式の解の和で表わされる．

$$y = -mg/k+A\sin\omega t+B\cos\omega t$$

これと初期条件から，解(3)が得られる．

問 題 3-3

[1] 角振動数 ω の単振動の解

$$x = A\sin\omega t + B\cos\omega t, \qquad x = a_1\sin(\omega t+\delta_1), \qquad x = a_2\cos(\omega t+\delta_2)$$

はいずれも同一であることを例題3.4で示した．$t=0$ で $x=x_0$，$v=v_0$ の初期条件に対し，上の3式がいずれも次の式で表わされることを示せ．

$$x = \frac{v_0}{\omega}\sin\omega t + x_0\cos\omega t \tag{1}$$

[2] $t=0$ で $x=x_0$，$v=0$ の初期条件を満たす解

$$x = x_0\cos\omega t$$

は右図に示される時間変化をする．点Aから点Hまでの各点における傾き dx/dt から，速度が時間とともにどのように変化するかを予想し，それが定性的に

$$\frac{dx}{dt} = -x_0\omega\sin\omega t$$

と一致することを示せ．

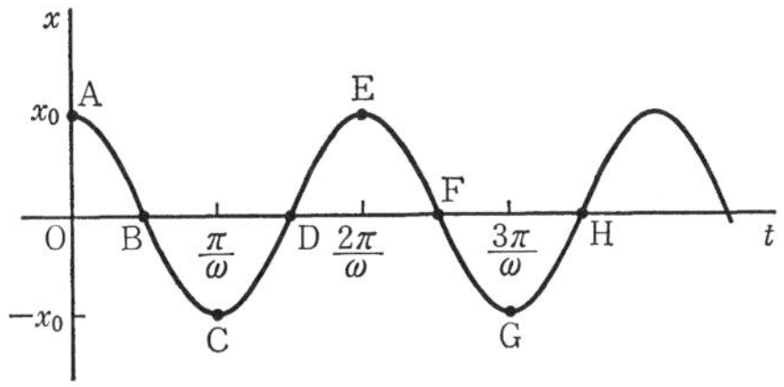

[3] 重さの無視できる長さ l の棒と質量 m の質点からなる単振り子の運動方程式を次のようにして求めよ．x 軸，y 軸を右図のようにとる．重力を mg，棒の張力を S として，質点の x 方向，y 方向の運動方程式を求めよ．単振り子の振れの角 θ が小さい ($|\theta|\ll 1$) とき，y 方向の運動は無視でき，質点の位置 $x=l\sin\theta$ は $l\theta$ と近似できる．このとき，運動方程式は

$$\frac{d^2x}{dt^2} = -\frac{g}{l}x \quad または \quad \frac{d^2\theta}{dt^2} = -\frac{g}{l}\theta$$

と書けることを示せ．

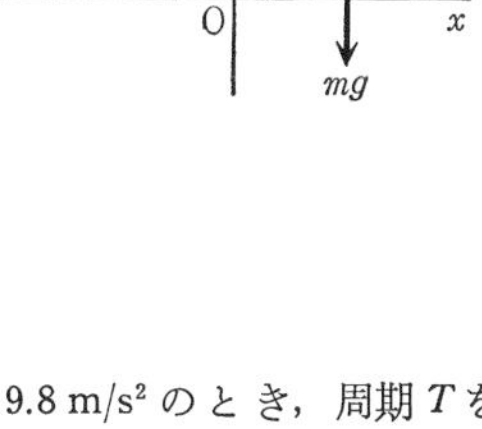

[4] 振れが小さい単振り子の周期 T は

$$T = 2\pi\sqrt{\frac{l}{g}}$$

であることを，前問の運動方程式から求めよ．$l=1$ m，$g=9.8$ m/s^2 のとき，周期 T を概算せよ．この結果から $\sqrt{9.8}\cong\pi$ であることを確かめよ．

3-4　1次元の運動とエネルギー

運動エネルギーと位置エネルギーを定義し，力学で最も重要な法則の1つであるエネルギー保存の法則を導く．

エネルギー保存の法則　位置 x だけの関数である力 $f(x)$ を受けて1次元運動をする質量 m の物体の運動方程式

$$m\frac{d^2x}{dt^2} = f(x)$$

の両辺に dx/dt をかけて，左辺を書き改めると

$$\frac{1}{2}m\frac{d}{dt}\left(\frac{dx}{dt}\right)^2 = \frac{dx}{dt}f(x) \tag{3.13}$$

を得る．次式で定義される**位置エネルギー**(あるいは**ポテンシャル**) $U(x)$

$$U(x) = -\int_{x_0}^{x} f(x)dx \tag{3.14}$$

を右辺に用い，それを移項すると(3.13)は

$$\frac{d}{dt}\left\{\frac{m}{2}\left(\frac{dx}{dt}\right)^2 + U(x)\right\} = 0$$

となる．括弧の中の量は時間によらない定数であるから

$$\frac{m}{2}\left(\frac{dx}{dt}\right)^2 + U(x) = E \ (\text{一定}) \tag{3.15}$$

と書くことができる．左辺第1項を**運動エネルギー**という．(3.15)は運動エネルギーと位置エネルギーの和は一定であることを述べている．これを**エネルギー保存の法則**という．(3.15)を**エネルギー積分**という．

ポテンシャルから力を導くには(3.14)を x で微分し

$$f(x) = -\frac{dU(x)}{dx} \tag{3.16}$$

とすればよい．力が位置だけできまる1次元の運動では，力はポテンシャルから導かれ，全エネルギーは保存される．この力は**保存力**であるという．

例題 3.6　重力による位置エネルギーを地上からの高さ y の関数として求めよ．初速度 v_0 で鉛直上方に打ち上げられた物体が到達しうる高さ h をエネルギー保存の法則から求めよ．東京ドームの天井は2塁ベース付近が最も高く約60 m である．ボールを真上に打ったとしたとき，ボールが天井に当たるには，初速度は何 m/s 以上でなければならないか．

［**解**］　位置エネルギーの基準点を地表に選ぶと，位置エネルギー $U(y)$ は

$$U(y) = -\int_0^y (-mg)dy = mgy$$

となり，高さ y に比例して増大することがわかる．

ボールを打ち上げる場合，地表では位置エネルギーは0で，運動エネルギーは $mv_0{}^2/2$ である．高さ y でボールの速度を v とすると，位置エネルギーは mgy，運動エネルギーは $mv^2/2$ となる．エネルギー保存の法則から

$$\frac{1}{2}mv_0{}^2 = mgy + \frac{1}{2}mv^2 \tag{1}$$

を得る．運動エネルギーは負にならないから

$$\frac{1}{2}mv^2 = \frac{1}{2}mv_0{}^2 - mgy \geqq 0$$

となり，y の値に

$$mgy \leqq \frac{1}{2}mv_0{}^2$$

という制限がつく．

$y=h$ で $v=0$ になるとすると，(1)から

$$h = \frac{v_0{}^2}{2g} \quad \text{あるいは} \quad v_0 = \sqrt{2gh} \tag{2}$$

を得る．これが到達しうる最大の高さである．

いま，$h=60$ m，$g=9.8$ m/s^2 を(2)に代入すると

$$v_0 \cong 34 \text{ m/s}$$

となる．時速に直すとこの速さは約120 km である．プロ野球選手の打球の速さは34 m/s より速いことがしばしばあるといわれる．そうであるとすると，角度によっては打球が天井に当たってしまうかもしれない．しかし，その心配はいらないであろう．ボールは速度に比例する空気抵抗を受け，速さは急速に減少するからである．60 m の高さまでとどくはずの打球も空気抵抗があると40 m も上がらない．

例題 3.7 1点Oで支えられた振り子(図1)を考える．おもりの質量を m とし，棒の質量は無視できるとする．鉛直下方と棒のなす角度を θ で表わす．おもりの位置エネルギーを θ の関数として求め，図示せよ．ただし，支点Oの下方Pを位置エネルギーの基準点とする．

$t=0$ で点Pからおもりに v_0 の初速度を与えたとする．初速度 v_0 の大きさによっておもりの運動はどのように分類できるかを述べよ．

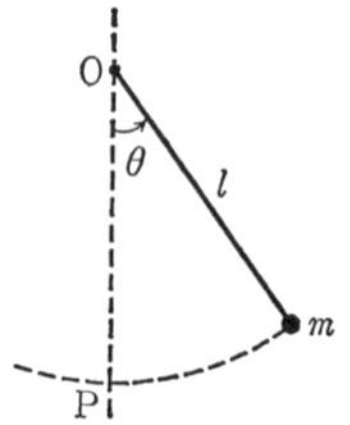

図 1

［解］ 位置エネルギーは基準点からの高さに比例することを例題3.6で示した．点Pからの高さ $h(\theta)$ は

$$h(\theta) = l(1-\cos\theta)$$

である．したがって位置エネルギー $U(\theta)$ は

$$\begin{aligned} U(\theta) &= mgh(\theta) \\ &= mgl(1-\cos\theta) \end{aligned} \tag{1}$$

で与えられる．$U(\theta)$ は $\theta=0, \pm 2\pi, \pm 4\pi, \cdots$ で0になり，$\theta=\pm\pi, \pm 3\pi, \cdots$ でおもりが鉛直上方を向くとき最大値 $2mgl$ になる．

(1)を図示すると図2を得る．位置エネルギーは周期 2π の周期関数である．

$t=0$ でおもりに初速度 v_0 を与えたとき，点Pにおけるエネルギー E は運動エネルギーが $m{v_0}^2/2$，位置エネルギーは0であるから

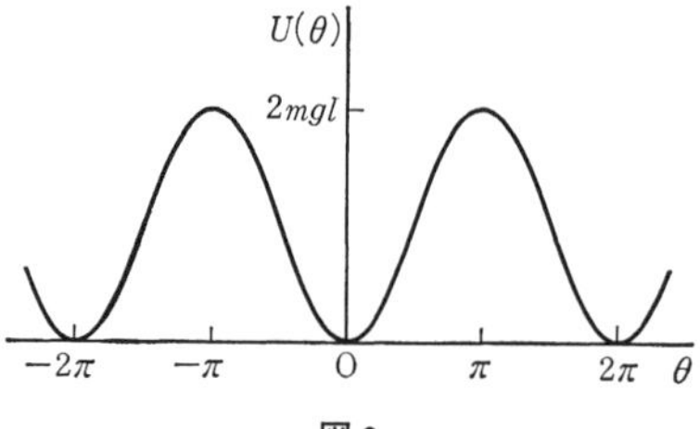

図 2

$$E = \frac{1}{2}m{v_0}^2$$

である．このエネルギーが位置エネルギーの最大値 $2mgl$ より小さいとき，おもりは鉛直上方まで上がることはできず，$\theta=0$(点P)のまわりを振動する．次にエネルギー E がちょうど $2mgl$ に等しいとき，おもりは鉛直上方($\theta=\pm\pi$)まで達し，そこで静止する．エネルギー E が $2mgl$ より大きくなると，おもりは位置エネルギーの最大値を与える $\theta=\pm\pi$ でも速度は0にならず支点Oのまわりを回転する．$v_0>0$ のとき，反時計回りに，$v_0<0$ のとき時計回りに回転する．以上からおもりの運動は次のように分類される．$E<2mgl$ で振動運動，$E>2mgl$ で回転運動をする．これらはともに周期的な運動である．$E=2mgl$ のときは非周期運動を行ない，おもりは鉛直上方で静止する．

問　題 3-4

[1]　野球のピッチャーが質量 145 g のボールを 130 km/h のスピードで投げたとき，ボールに与えた運動エネルギーは何 J か．1 試合で 150 球のボールを投げるとした場合，ボールに与えた全運動エネルギーは何 J か．そのエネルギーは牛肉何 g 分のエネルギーに相当するか．100 g の牛肉のエネルギーは 150 kcal とし，1 cal は 4.18 J として計算せよ．

[2]　調和振動子の運動方程式

$$m\frac{d^2x}{dt^2} = -kx$$

の両辺に dx/dt を乗じ，エネルギー積分を求めよ．相平面上の軌道を描き，運動の方向を矢印で示せ．軌道と x 軸および v 軸との交点(全部で 4 点)はどのような運動状態であるかを述べよ．エネルギーが 2 倍になると，相平面上の軌道の大きさは何倍になるか．

[3]　力 f が位置 x の関数として

$$f = -kx + k\frac{x^2}{a} \qquad (k>0,\ \ a>0)$$

によって与えられるとき，ポテンシャルを求めよ．ただし，$x=0$ でポテンシャルは 0 であるとする．このポテンシャルの場の中で運動する物体が振動をするには，どのような条件が必要か．

[4]　ポテンシャル

$$U(x) = \frac{a}{b}e^{-bx} + ax - \frac{a}{b} \qquad (a>0,\ \ b>0)$$

を x の関数として図示せよ．小さな x に対し

$$e^x \cong 1 + x + \frac{x^2}{2}$$

と近似できることを用い，上のポテンシャルの極小値のまわりを運動する質量 m の質点の運動方程式を書け．$t=0$ で $x=x_0$，$v=0$ としたとき，この運動方程式の解を求めよ．

3-5　2次元の運動

これまで1次元の運動を学んできたが，この節から2次元の運動を扱う．

運動方程式　2次元平面内の運動を扱うため，この平面内に直交する x 軸と y 軸をとると，それぞれの方向の運動方程式は

$$m\frac{d^2x}{dt^2} = F_x, \qquad m\frac{d^2y}{dt^2} = F_y \tag{3.17}$$

である．x 方向の力 F_x，y 方向の力 F_y が別々に与えられている場合には，これらの運動方程式を別々に解き，その組み合わせとして運動が求められる．

一定の力　運動方程式(3.17)で力 F_x, F_y がともに定数のとき，積分は容易に実行でき，

$$\begin{aligned} v_x &= v_{x0}+\frac{F_x}{m}t, \qquad & v_y &= v_{y0}+\frac{F_y}{m}t \\ x &= x_0+v_{x0}t+\frac{F_x}{2m}t^2, \qquad & y &= y_0+v_{y0}t+\frac{F_y}{2m}t^2 \end{aligned} \tag{3.18}$$

を得る．v_{x0}, v_{y0} および x_0, y_0 は初速度および初期位置の x 軸，y 軸成分である．

放物体の運動　x 方向の力 F_x が0，y 方向の力 F_y が $-mg$ のとき，上の解は

$$\begin{aligned} v_x &= v_{x0}, \qquad & v_y &= v_{y0}-gt \\ x &= v_{x0}t, \qquad & y &= v_{y0}t-\frac{1}{2}gt^2 \end{aligned} \tag{3.19}$$

となる．簡単のため，$x_0=y_0=0$ とした．最後の2式から t を消去すると

$$y-y_{\mathrm{m}} = -\frac{g}{2{v_{x0}}^2}(x-x_{\mathrm{m}})^2, \quad x_{\mathrm{m}} = \frac{v_{x0}v_{y0}}{g}, \quad y_{\mathrm{m}} = \frac{{v_{y0}}^2}{2g}$$

を得る．これは放物線を表わす．初速度の大きさを v_0，仰角を θ_0 とすると，$v_{x0}=v_0\cos\theta_0$，$v_{y0}=v_0\sin\theta_0$ である．

例題 3.8 前ページの放物体の方程式

$$y-y_{\mathrm{m}} = -\frac{g}{2{v_{x_0}}^2}(x-x_{\mathrm{m}})^2, \qquad x_{\mathrm{m}} = \frac{v_{x_0}v_{y_0}}{g}, \qquad y_{\mathrm{m}} = \frac{{v_{y_0}}^2}{2g}$$

において，x_{m} と y_{m} はどのような量であるかを述べよ．また，x_{m} が y_{m} の 2 倍になるには仰角 θ はいくらか．

［解］ 放物線の方程式の右辺は 0 または負であるから

$$y-y_{\mathrm{m}} \leqq 0 \quad したがって \quad y \leqq y_{\mathrm{m}}$$

となる．これは y_{m} が y の最大値であることを示している．この最大値は右辺が 0 のとき，つまり $x=x_{\mathrm{m}}$ のときに得られる．

高さ y が 0 になるのは，x が

$$x = 0 \quad または \quad x = \frac{2v_{x_0}v_{y_0}}{g} = 2x_{\mathrm{m}}$$

のときである．これは x_{m} が最大水平到達距離の半分であることを示している．放物線を下図に示す．(a) $v_{y_0}>0$ の場合と (b) $v_{y_0}<0$ の場合について図示した．$v_{y_0}<0$ のときには物体は鉛直上方成分の速度をもつことはない．

$$x_{\mathrm{m}} = \frac{v_{x_0}v_{y_0}}{g}, \qquad y_{\mathrm{m}} = \frac{{v_{y_0}}^2}{2g}$$

において $x_{\mathrm{m}}=2y_{\mathrm{m}}$ とおくと

$$\frac{v_{x_0}v_{y_0}}{g} = \frac{{v_{y_0}}^2}{g}$$

となる．$v_{x_0}=v_0\cos\theta_0$，$v_{y_0}=v_0\sin\theta_0$ を代入すると，上式から

$$\cos\theta_0 = \sin\theta_0 \quad すなわち \quad \tan\theta_0 = 1$$

$\theta_0=\pi/4$ が上式を満足する角度である．$x_{\mathrm{m}}>2y_{\mathrm{m}}$ であるためには $\theta_0<\pi/4$ が必要であり，$x_{\mathrm{m}}\leqq 2y_{\mathrm{m}}$ であるには，$\theta_0\geqq\pi/4$ が必要である．

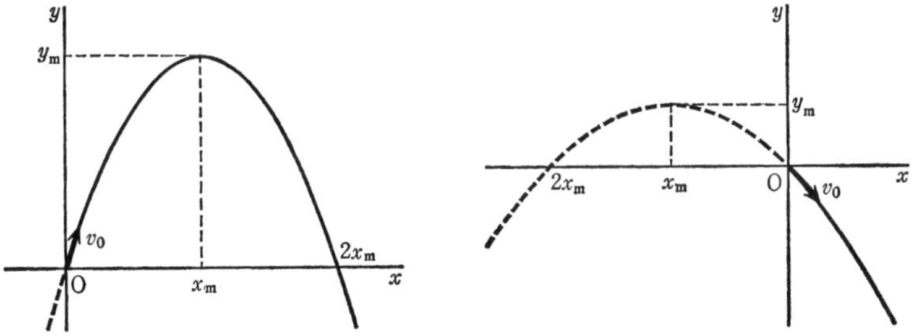

(a) $v_{y_0}>0$，$v_{x_0}>0$　　(b) $v_{y_0}<0$，$v_{x_0}>0$

例題 3.9 水平面と角度 θ をなす斜面に対し角度 α で物体を初速 v_0 で投げるとき，角度 α をどのように選べば物体は斜面上を最も遠くまで到達するか．図 1 のように x 座標，y 座標をとり重力の加速度をそれらの方向に分解して，運動方程式を求めよ．

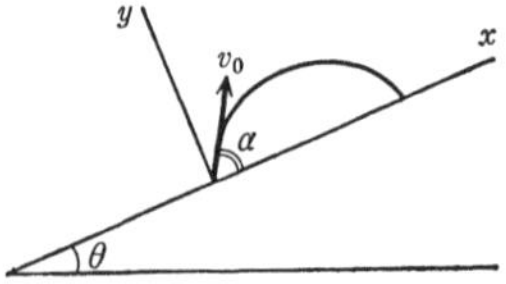

図 1

［解］ 図 1 のように座標を選ぶと，重力の加速度 g の x 成分，y 成分は $-g\sin\theta$, $-g\cos\theta$ となる．これは加速度 g を図 2 のように分解して求めることができる．物体の質量を m とすると運動方程式は

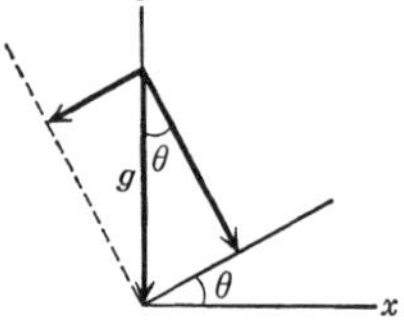

図 2

$$m\frac{d^2x}{dt^2} = -mg\sin\theta$$

$$m\frac{d^2y}{dt^2} = -mg\cos\theta$$

である．右辺は定数であるから容易に積分でき

$$x = -\frac{1}{2}gt^2\sin\theta + At + B$$

$$y = -\frac{1}{2}gt^2\cos\theta + Ct + D$$

を得る．初期条件は $t=0$ で $x=y=0$, $v_{x_0}=v_0\cos\alpha$, $v_{y_0}=v_0\sin\alpha$ を用いて，積分定数 $A\sim D$ を決めると

$$x = -\frac{1}{2}gt^2\sin\theta + v_0t\cos\alpha$$

$$y = -\frac{1}{2}gt^2\cos\theta + v_0t\sin\alpha$$

となる．斜面に落ちるまでに要する時間 T は，$y=0$ とおいて，

$$T = \frac{2v_0\sin\alpha}{g\cos\theta}$$

であり，このとき，x 方向の位置 X はこの時間を x の式に代入して

$$X = \frac{2{v_0}^2}{g}\frac{\sin\alpha\cos(\alpha+\theta)}{\cos^2\theta} = \frac{{v_0}^2}{g\cos^2\theta}\{\sin(2\alpha+\theta)-\sin\theta\}$$

である．距離 X が最大になるのは最後の式の $\sin(2\alpha+\theta)$ が 1 になるときである．これは $2\alpha+\theta=\pi/2$ のときに実現する．つまり，角度 α が

$$\alpha = \frac{\pi}{4} - \frac{\theta}{2}$$

のとき，x 方向に最も遠くまで到達する．水平($\theta=0$)のときには $\alpha=\pi/4$ に選ぶと最も遠くまでとどくが，斜面($\theta\neq 0$)の場合には角度 α は $\pi/4$ より小さくしなければならないことがわかる．

問　題 3–5

[1]　$\sin\theta=(e^{i\theta}-e^{-i\theta})/2i$,　$\cos\theta=(e^{i\theta}+e^{-i\theta})/2$ を用いて，公式

$$\sin(\alpha+\beta) = \sin\alpha\cos\beta+\cos\alpha\sin\beta$$

$$\cos(\alpha+\beta) = \cos\alpha\cos\beta-\sin\alpha\sin\beta$$

を証明せよ．特に $\alpha=\beta=\theta$ のとき

$$\sin 2\theta = 2\sin\theta\cos\theta$$

$$\cos 2\theta = \cos^2\theta-\sin^2\theta$$

になることを示せ．

[2]　放物体の運動において初速 v_0 を一定に保ち，仰角 θ_0 を変化させるとき，最高点の座標 $(x_{\mathrm{m}}, y_{\mathrm{m}})$ の軌跡を求めよ．

[3]　ある角度 θ_0 で投げられた物体が初めの高さに戻るまでの時間 T およびその間に進んだ水平方向の距離 X から，角度 θ_0 を求めたい．θ_0 は T と X のどのような関数で表わされるか．

[4]　速度に比例する抵抗 $-\beta mv$ を受けて運動する物体が，初速 v_0，仰角 θ_0 で投げられたとする．最高点の位置を求めよ．β を 0 にした極限で，最高点の位置は例題 3.8 の $x_{\mathrm{m}}, y_{\mathrm{m}}$ に一致することを確かめよ．

3-6　円運動

等速円運動　半径 r の円周上を反時計回りに一定の速さで回転する質量 m の質点を考え，このような運動を起こす力を求める．円の中心を原点にとり，質点の位置 (x, y) を半径 r と角 φ で表わせば

$$x = r\cos\varphi, \qquad y = r\sin\varphi \tag{3.20}$$

となる．角 φ（ラジアン）の時間変化の割合い $d\varphi/dt=\omega$ を**角速度**という．等速円運動では ω が一定なので

$$\varphi = \omega t + \varphi_0 \tag{3.21}$$

となる．位相定数 φ_0 は $t=0$ における位相である．

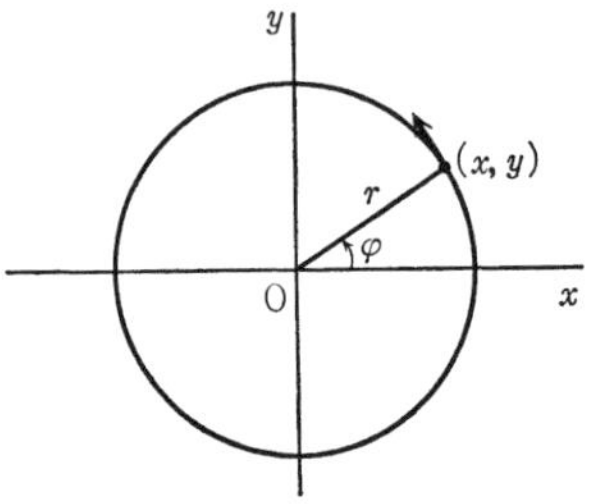

図 3-3

(3.21)を(3.20)に代入し，x 方向と y 方向の力を求めると

$$f_x = m\frac{d^2x}{dt^2} = -m\omega^2 x$$

$$f_y = m\frac{d^2y}{dt^2} = -m\omega^2 y$$

である．これは

$$f = -m\omega^2 r \tag{3.22}$$

と書くと，$f_x=f\cos\varphi$，$f_y=f\sin\varphi$ である．なぜなら(3.20)から $\cos\varphi=x/r$，$\sin\varphi=y/r$ だからである．円運動をさせる力は円の中心 O を向き，その大きさが $|\boldsymbol{f}|=m\omega^2 r$ の力である．この力を**向心力**という．

一様な円運動では r 方向に**遠心力**がはたらいて向心力と釣り合っていると考えることができる．

円運動をする物体の速さは $v=r\omega$ である．これを使うと(3.22)の向心力は

$$f = -\frac{mv^2}{r} \tag{3.23}$$

と書ける．

例題 3.10 半径 r の円周上を角速度 ω で反時計回りに一様に回転している物体の位置 (x, y) と速度 $(\dot{x}, \dot{y})$ のあいだに

$$\dot{x} = -\omega y, \qquad \dot{y} = \omega x$$

の関係が成り立つことを示せ．ただし，$\dot{x}=dx/dt$，$\dot{y}=dy/dt$ である．$x+iy=z$ とおいて，これらの方程式を z についての微分方程式に書き改め，それを解け．ただし，$t=0$ で $x=r\cos\varphi_0$，$y=r\sin\varphi_0$ とせよ．

［解］ 座標 (x, y) は φ_0 を位相定数として

$$x = r\cos(\omega t+\varphi_0), \qquad y = r\sin(\omega t+\varphi_0)$$

と書くことができる．第1式を時間で微分した

$$\dot{x} = -r\omega\sin(\omega t+\varphi_0)$$

の右辺に，第2式を用いると

$$\dot{x} = -\omega y \tag{1}$$

を得る．同じように，第2式を時間微分し，第1式を用いると

$$\dot{y} = r\omega\cos(\omega t+\varphi_0) = \omega x \tag{2}$$

となる．

$z=x+iy$ とおくと，$\dot{z}=\dot{x}+i\dot{y}$ である．これに(1)と(2)を代入して，z についての微分方程式

$$\begin{aligned}\dot{z} &= \dot{x}+i\dot{y} = -\omega y+i\omega x\\ &= i\omega(x+iy) = i\omega z\end{aligned}$$

を得る．この解は

$$z = Ae^{i\omega t}$$

と書くことができる．積分定数 A は一般に複素数である．初期条件から，$t=0$ で

$$z = A = r\cos\varphi_0+ir\sin\varphi_0$$

が成り立たなければならない．これから $A=re^{i\varphi_0}$ を得る．したがって，

$$z = re^{i(\omega t+\varphi_0)}$$

となり，位置 (x, y) は

$$\begin{aligned}x &= r\cos(\omega t+\varphi_0)\\ y &= r\sin(\omega t+\varphi_0)\end{aligned}$$

によって与えられる．

例題 3.11　一端を固定したひもの下端におもりをつけ，おもりを水平面内で円運動させるとき，これを**円錐振り子**という．円錐振り子では，おもりに加わる重力とひもの張力の和が円運動の向心力になっている．おもりの質量 m とひもが鉛直線となす角 θ を与えて向心力 f とひもの張力 S を作図によって求める方法を示せ．

ひもの長さを l としたとき，向心力 f，ひもの張力 S，円運動の角速度 ω，周期 T を m, g, l, θ の関数として求めよ．

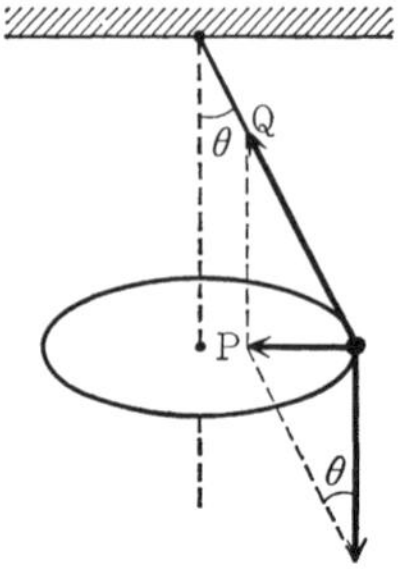

［解］　おもりから大きさ mg で鉛直下向きのベクトルを引く．そのベクトルの下端から，ひもに平行に直線を引き，おもりから引いた水平線との交点をPとする．Pから鉛直上方に引いた直線とひもの交点をQとする（上図参照）．おもりから点Pに向かうベクトルが向心力，おもりから点Qに向かうベクトルが張力を与える．なぜなら，このように張力を選ぶと，重力と張力の和が円の中心に向かう向心力となるからである．

図から，重力，向心力，張力の大きさ mg, f, S のあいだには，

$$f = mg\tan\theta, \qquad f = S\sin\theta \tag{1}$$

の関係が成り立つ．両式から向心力を消去して

$$S = \frac{mg}{\cos\theta} \tag{2}$$

を得る．(1)と(2)が向心力と張力の大きさを与える．

角速度 ω を使い向心力の大きさ f を表わすと

$$f = mr\omega^2$$

である．r は円の半径である．ひもの長さ l を用いると

$$r = l\sin\theta$$

となるから

$$f = ml\omega^2\sin\theta$$

となる．これを(1)と等しいとおいて，

$$\omega^2 = \frac{g}{l\cos\theta}$$

つまり

$$\omega = \sqrt{\frac{g}{l\cos\theta}} \tag{3}$$

あるいは

$$T = \frac{2\pi}{\omega} = 2\pi\sqrt{\frac{l\cos\theta}{g}} \tag{4}$$

を得る．(1)～(4)が求める答である．角θを大きくするには，角速度ωを大きくとらなければならないことを(3)は示している．

問 題 3-6

[1] 角速度ωで半径rの円周上を運動する物体の位置(x, y)をrとωの関数として書け．位置(x, y)を時間で微分し，速度$(\dot{x}, \dot{y})$と加速度$(\ddot{x}, \ddot{y})$を計算し，速さおよび加速度の大きさを求めよ．速さと加速度の大きさは角速度の大きさのみに依存し，ωの正負によらないことを示せ．

[2] 質量mのおもりを長さlのひもに取りつけた円錐振り子では角速度の大きさを与えると，ひもと鉛直線のなす角は決まる．$2mg$の力で切れるひもを使い，円錐振り子の角速度を次第に大きくするとき，ひもが切れる角度を求めよ．

[3] 半径rの円周上を角速度ωで時計回りに円運動する物体の位置(x, y)と速度$(\dot{x}, \dot{y})$の関係を例題3.10と同様にして求めよ．これから$z=x+iy$についての微分方程式を作り，それを解け．ただし，初期条件は$t=0$で$x=r\cos\varphi_0$，$y=r\sin\varphi_0$であるとする．

[4] 中心軸のまわりをなめらかに回転する円板の上に質量mの物体を置き，円板の角速度をゆっくり増してゆく．円板と物体の静止摩擦係数をμとするとき，物体が円板の上を滑り始める角速度はいくらか．

3-7　2つの単振動の組み合わせ

振幅や位相の異なる x 方向の単振動と y 方向の単振動を組み合わせると，運動は一般に円からずれる．

単振動の組み合わせ　xy 面上を運動している質点の，x 方向と y 方向の運動方程式が

$$m\frac{d^2x}{dt^2} = -m\omega^2 x, \qquad m\frac{d^2y}{dt^2} = -m\omega^2 y \tag{3.24}$$

と書ける場合を考える．これらは単振動の式であり，解は

$$x = a\cos(\omega t+\varphi_1), \qquad y = b\cos(\omega t+\varphi_2) \tag{3.25}$$

と書ける．質点の運動の軌跡は振幅 a, b と位相定数 φ_1, φ_2 を決めれば図示することができる．

(a)　$\varphi_1=0, \varphi_2=0$ とすると，(3.25)から $\cos\omega t$ を消去し $ay=bx$ となる．運動の軌跡は直線である．

(b)　$\varphi_1=0, \varphi_2=\pi$ とすると，$ay=-bx$．これも直線を表わす．ただし，(a)とは傾きの符号が異なる．

(c)　$\varphi_1=0, \varphi_2=-\pi/2$ とすると，$x=a\cos\omega t$，$y=b\sin\omega t$ となるから，軌跡は

$$\frac{x^2}{a^2}+\frac{y^2}{b^2} = 1 \tag{3.26}$$

で与えられる．これは楕円を表わし，質点は左回りに運動する．

(d)　$\varphi_1=0, \varphi_2=\pi/2$ のとき，$x=a\cos\omega t$，$y=-b\sin\omega t$ となり軌跡はやはり楕円であるが，運動は右回りになる．

リサジュー図形　直交する2つの単振動の周期が異なるとき，これらの振動を組み合わせた運動の軌跡は楕円にならず，複雑な曲線になる．この図形は**リサジュー図形**とよばれ，2つの単振動の周期の比が整数の比のとき，リサジュー図形は閉曲線になる．

例題 3.12　x 方向と y 方向の運動が

$$x = \cos\omega t, \qquad y = \cos(2\omega t + \theta)$$

によって表わされる単振動があるとき，2つの単振動を組み合わせてリサジュー図形を描け．θ が $0, \pi/2$ の2つの場合について，ωt を0から 2π まで $\pi/6$ きざみで計算し図示せよ．

［解］　$\theta=0$ に対して ωt を0から 2π まで変えたとき，x と y の値は表のように計算される．

ωt	0	$\pi/6$	$\pi/3$	$\pi/2$	$2\pi/3$	$5\pi/6$	π	$7\pi/6$	$4\pi/3$	$3\pi/2$	$5\pi/3$	$11\pi/6$	2π
x	1	0.866	0.5	0	−0.5	−0.866	−1	−0.866	−0.5	0	0.5	0.866	1
y	1	0.5	−0.5	−1	−0.5	0.5	1	0.5	−0.5	−1	−0.5	0.5	1

x の周期は y の周期の2倍であることはこの表からも明らかであろう．これらの値を xy 面上に描くと図1を得る．

$\theta=\pi/2$ に対し x と y の値を計算すると下の表を得る．

ωt	0	$\pi/6$	$\pi/3$	$\pi/2$	$2\pi/3$	$5\pi/6$	π	$7\pi/6$	$4\pi/3$	$3\pi/2$	$5\pi/3$	$11\pi/6$	2π
x	1	0.866	0.5	0	−0.5	−0.866	−1	−0.866	−0.5	0	0.5	0.866	1
y	0	−0.866	−0.866	0	0.866	0.866	0	−0.866	−0.866	0	0.866	0.866	0

リサジュー図形を図2に示す．前の図形と比較すると，位相定数 θ が $\pi/2$ 違うだけでリサジュー図形は全く異なることに注意しよう．

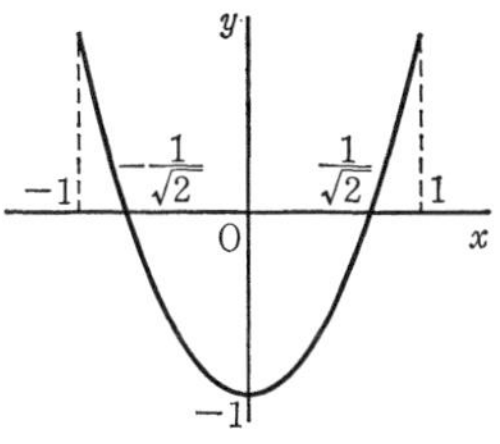

図1

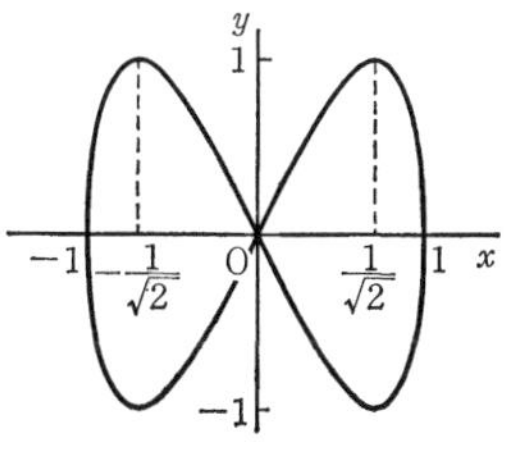

図2

問　題 3-7

[1]　$\cos\theta=(e^{i\theta}+e^{-i\theta})/2$ を使って次式を証明せよ．

$$\cos A+\cos B = 2\cos\frac{A+B}{2}\cos\frac{A-B}{2}$$

[2]　前問の結果を用い，異なる振動数 ω_1 と ω_2 をもつ 2 つの単振動の和

$$x = a\cos\omega_1 t + a\cos\omega_2 t \qquad (\omega_1>\omega_2)$$

を積の形になおせ．特に，2 つの振動数がほぼ等しい，$\omega_1\cong\omega_2$，$\omega_1-\omega_2=\varepsilon\,(\ll\omega_1)$ のとき，x の時間変化にはどのような特徴があるかを述べよ．

3-8 仕事と運動エネルギー

仕事 質点が一定の力$\boldsymbol{F}$を受けながら直線上を$\boldsymbol{s}$だけ動いたとき，力$\boldsymbol{F}$のした**仕事**Wは

$$W = \boldsymbol{F}\cdot\boldsymbol{s} \tag{3.27}$$

である．右辺は，力$\boldsymbol{F}$と変位$\boldsymbol{s}$の**スカラー積**または**内積**といい，ベクトル$\boldsymbol{F}$と$\boldsymbol{s}$のなす角θを用いて

$$\boldsymbol{F}\cdot\boldsymbol{s} = Fs\cos\theta \tag{3.28}$$

と書くことができる．Fとsはベクトルの大きさである．

曲線運動 曲線運動では力と運動方向のなす角θは一般に変わる．このとき，仕事は次の**線積分**

$$W = \int_{\mathrm{A}}^{\mathrm{B}} \boldsymbol{F}\cdot d\boldsymbol{r} \tag{3.29}$$

によって表わされる．$d\boldsymbol{r}$は変位を，AとBは出発点と終点を意味する．変位$d\boldsymbol{r}$と力$\boldsymbol{F}$のx, y, z成分をdx, dy, dzとF_x, F_y, F_zとすれば

$$W = \int_{\mathrm{A}}^{\mathrm{B}} (F_x dx + F_y dy + F_z dz) \tag{3.30}$$

運動エネルギー 平面運動の運動方程式は

$$m\frac{d^2x}{dt^2} = F_x, \qquad m\frac{d^2y}{dt^2} = F_y$$

である．第1式の両辺に$(dx/dt)dt = dx$，第2式の両辺に$(dy/dt)dt = dy$を掛けて加え合わせ，$v^2 = (dx/dt)^2 + (dy/dt)^2$を用いると

$$\frac{d}{dt}\left(\frac{1}{2}mv^2\right)dt = F_x dx + F_y dy \tag{3.31}$$

となる．これをAからBまで積分すると，運動エネルギーの増加は力のした仕事に等しいことを述べた次式を得る．

$$\frac{m{v_{\mathrm{B}}}^2}{2} - \frac{m{v_{\mathrm{A}}}^2}{2} = W \tag{3.32}$$

例題 3.13　右図の菱形において，線分 OA と OB をベクトル $\boldsymbol{a}$ と $\boldsymbol{b}$ で表わすとき，対角線 OC と AB をベクトル $\boldsymbol{a}$ と $\boldsymbol{b}$ を用いて表現せよ．2 つの対角線を表わすベクトルのスカラー積を作り，対角線は直交することを示せ．

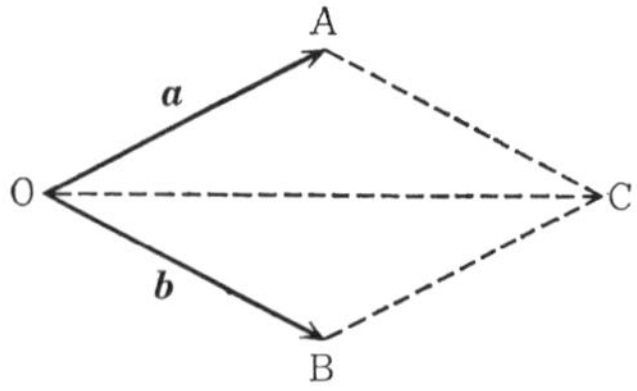

［解］　対角線 OC を表わすベクトルはベクトル $\boldsymbol{a}$ と $\boldsymbol{b}$ の和 $\boldsymbol{a}+\boldsymbol{b}$ であり，対角線 AB を表わすベクトルは $\boldsymbol{a}-\boldsymbol{b}$ あるいは $\boldsymbol{b}-\boldsymbol{a}$ である．

2 つの対角線を表わすベクトル $\boldsymbol{a}+\boldsymbol{b}$ と $\boldsymbol{a}-\boldsymbol{b}$ のスカラー積は

$$(\boldsymbol{a}+\boldsymbol{b})\cdot(\boldsymbol{a}-\boldsymbol{b}) = a^2-b^2$$

である．ここで，同じベクトルどうしのスカラー積はベクトルの大きさの平方に等しい

$$\boldsymbol{a}\cdot\boldsymbol{a} = a^2, \qquad \boldsymbol{b}\cdot\boldsymbol{b} = b^2$$

という性質，および，つぎのスカラー積の交換則を用いた．

$$\boldsymbol{a}\cdot\boldsymbol{b} = \boldsymbol{b}\cdot\boldsymbol{a}$$

菱形では辺 OA と OB の長さは等しく，$a=b$ である．したがって，

$$(\boldsymbol{a}+\boldsymbol{b})\cdot(\boldsymbol{a}-\boldsymbol{b}) = 0$$

となり，菱形の対角線は互いに直交することがわかる．

［**注意 1**］　大きさが 0 でない 2 つのベクトル $\boldsymbol{A}$ と $\boldsymbol{B}$ のスカラー積

$$\boldsymbol{A}\cdot\boldsymbol{B} = AB\cos\theta$$

が 0 になるのは $\cos\theta=0$ のとき，つまり $\theta=\pm\pi/2$ のときである．θ は 2 つのベクトルのなす角であるから，大きさが 0 でないベクトルのスカラー積が 0 になるのは，2 つのベクトルが互いに直交するときである．これは，スカラー積の重要な性質の 1 つである．

［**注意 2**］　スカラー積には交換則のほかに次の性質がある．

$$\boldsymbol{A}\cdot(\boldsymbol{B}+\boldsymbol{C}) = \boldsymbol{A}\cdot\boldsymbol{B}+\boldsymbol{A}\cdot\boldsymbol{C} \qquad \text{(分配則)}$$

$$(\alpha\boldsymbol{A})\cdot\boldsymbol{B} = \alpha(\boldsymbol{A}\cdot\boldsymbol{B}) = \boldsymbol{A}\cdot(\alpha\boldsymbol{B})$$

ただし，α はただの数である．x, y, z 方向の単位ベクトルを $\boldsymbol{i}, \boldsymbol{j}, \boldsymbol{k}$ とし，ベクトル $\boldsymbol{A}$ と $\boldsymbol{B}$ をそれぞれの成分で書くと

$$\boldsymbol{A} = A_x\boldsymbol{i}+A_y\boldsymbol{j}+A_z\boldsymbol{k}, \qquad \boldsymbol{B} = B_x\boldsymbol{i}+B_y\boldsymbol{j}+B_z\boldsymbol{k}$$

であるから，$\boldsymbol{A}$ と $\boldsymbol{B}$ のスカラー積は

$$\boldsymbol{A}\cdot\boldsymbol{B} = A_xB_x+A_yB_y+A_zB_z$$

となる．ここで，次の基本ベクトルのあいだのスカラー積の関係を用いた．

$$\boldsymbol{i}\cdot\boldsymbol{i} = \boldsymbol{j}\cdot\boldsymbol{j} = \boldsymbol{k}\cdot\boldsymbol{k} = 1, \qquad \boldsymbol{i}\cdot\boldsymbol{j} = \boldsymbol{j}\cdot\boldsymbol{k} = \boldsymbol{k}\cdot\boldsymbol{i} = 0$$

例題 3.14 長さlの振り子において，質量mのおもりが鉛直下方の$\theta=0$にあたる点Aから円周に沿って角度θ_0の点Bまで運動するとき，重力のする仕事を計算せよ．運動エネルギーの増加が仕事と等しいとおくことにより，点Bにおける速さは点Aにおける速さより小さいことを示せ．

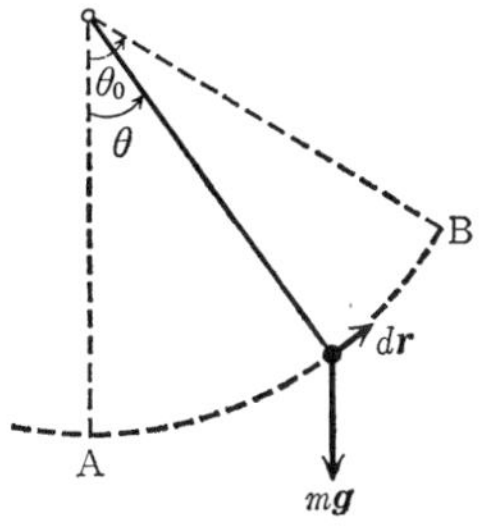

［解］ 角度がθのとき，力$m\boldsymbol{g}$とおもりの変位$d\boldsymbol{r}$のなす角は上図から$\pi/2+\theta$に等しい．なぜならば，ベクトル$d\boldsymbol{r}$は円の中心から円周に向かうベクトルとつねに直交し，ベクトル$m\boldsymbol{g}$は鉛直下向きだからである．また，ベクトル$d\boldsymbol{r}$の大きさは$ld\theta$に等しい．したがって，重力のする仕事Wは

$$W = \int_0^{\theta_0} mgld\theta \cos\left(\frac{\pi}{2}+\theta\right)$$
$$= mgl\int_0^{\theta_0}(-\sin\theta)d\theta$$
$$= mgl\Big[\cos\theta\Big]_0^{\theta_0}$$
$$= mgl(\cos\theta_0-1)$$

と計算される．この仕事Wは負または0で，正にならないことに注意しよう．

点Aと点Bにおけるおもりの速さをv_Aとv_Bとすると，運動エネルギーの増加が仕事に等しいとおいて

$$\frac{1}{2}mv_B{}^2-\frac{1}{2}mv_A{}^2 = mgl(\cos\theta_0-1) \leqq 0$$

を得る．右辺が0になるのは$\theta_0=0, \pm 2n\pi, \cdots$の場合であるから，おもりは鉛直下方を向いている．したがって，点Bが鉛直下方を向いていないときには

$$\frac{1}{2}mv_B{}^2-\frac{1}{2}mv_A{}^2 < 0$$

となり，

$$v_B < v_A$$

を得る．つまり，点Bにおける速さは点Aにおける速さより小さい．

問 題 3-8

[1] 次の場合，質量 m kg の荷物を運ぶ人のする仕事を計算せよ．

(i) 鉛直上方に 1 m だけ荷物を持ち上げる．

(ii) 水平に 1 m だけ荷物を運ぶ．

(iii) 水平に 1 m 運んだあとに，1 m だけ持ち上げる．

[2] 質量 m の物体に角速度 ω で半径 r の円運動をさせるには，向心力 $mr\omega^2$ をつねに加えなければならない．つねに力を加えているにもかかわらず，物体の速さ $r\omega$ は変わらず，運動エネルギー $mr^2\omega^2$ も一定である．その理由を考えよ．

[3] 水平面上を摩擦力を受けてしだいに減速しながら運動する物体が進む距離 X を，摩擦力による仕事の大きさとはじめの運動エネルギーを等しくおいて求めよ．ただし，初速を v_0，すべり摩擦係数を μ' とせよ．

[4] 変位ベクトル $\boldsymbol{dl}$ を用いると，質量 m の物体の運動エネルギーは

$$\frac{1}{2}m\left(\frac{dl}{dt}\right)^2$$

と書くことができる．これを，

$$\frac{1}{2}m\frac{(dl)^2}{(dt)^2}$$

と書き改めれば，変位ベクトルの平方 $(dl)^2$ から運動エネルギーが計算できる．次の場合に，変位ベクトル $\boldsymbol{dl}$ を求め，運動エネルギーを書け．

(i) 3 次元デカルト座標 (x, y, z)．x, y, z 方向の基本ベクトルを $\boldsymbol{i}, \boldsymbol{j}, \boldsymbol{k}$ とする．

(ii) 2 次元極座標 (r, φ)．r 方向，φ 方向の基本ベクトルを $\boldsymbol{e}_r, \boldsymbol{e}_\varphi$ とせよ．

3-9　力のポテンシャルとエネルギーの保存

保存力　1つの関数 $U(x, y, z)$ から力 $\boldsymbol{F}$ の成分が

$$F_x = -\frac{\partial U}{\partial x}, \quad F_y = -\frac{\partial U}{\partial y}, \quad F_z = -\frac{\partial U}{\partial z} \tag{3.33}$$

によって導かれるとき，この力は**保存力**であるという．位置Aから位置Bまでに力のする仕事 W は

$$W = \int_A^B \boldsymbol{F}\cdot d\boldsymbol{r} = -\int_A^B \left(\frac{\partial U}{\partial x}dx+\frac{\partial U}{\partial y}dy+\frac{\partial U}{\partial z}dz\right) \tag{3.34}$$

となるが，

$$dU = \frac{\partial U}{\partial x}dx+\frac{\partial U}{\partial y}dy+\frac{\partial U}{\partial z}dz \tag{3.35}$$

を用いると，(3.34)の右辺は $-(U_B-U_A)$ と書くことができ，

$$W = \int_A^B \boldsymbol{F}\cdot d\boldsymbol{r} = -(U_B-U_A) \tag{3.36}$$

となる．

(3.36)のように積分 $\int_A^B \boldsymbol{F}\cdot d\boldsymbol{r}$ が始点と終点の位置だけで決まり，途中の経路によらないときは，力 $\boldsymbol{F}$ は保存力である．

エネルギー保存の法則　運動エネルギーの増加は力のする仕事に等しいことを述べた前節の結果に(3.36)を代入すると

$$\frac{1}{2}m{v_B}^2-\frac{1}{2}m{v_A}^2 = -(U_B-U_A)$$

を得る．これは

$$\frac{1}{2}m{v_A}^2+U_A = \frac{1}{2}m{v_B}^2+U_B \tag{3.37}$$

と等しい．これは力学的エネルギーの保存則である．$mv^2/2$ は運動エネルギー，U は位置エネルギー(ポテンシャル)である．

例題 3.15 力 $\boldsymbol{F}$ が原点から質点までの距離 r に比例し，原点を向いているとき，力 $\boldsymbol{F}$ を物体の位置ベクトル $\boldsymbol{r}$ の関数として書け．ただし，比例定数を k とせよ．力 $\boldsymbol{F}$ を x 方向と y 方向に分解して書け．この力のポテンシャル U を求めよ．簡単のため，xy 平面内で考えよ．

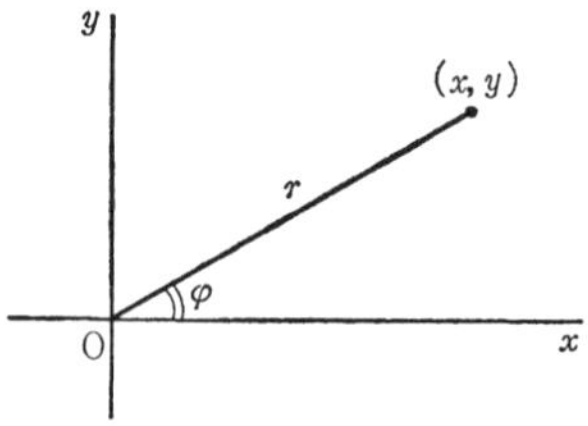

［解］ 力は r に比例し，原点に向かうから $\boldsymbol{F}=-k\boldsymbol{r}$ と書くことができる．これを x 成分と y 成分に分けると，上図を参照して

$$F_x = F\cos\varphi = -kr\cos\varphi = -kx$$
$$F_y = F\sin\varphi = -kr\sin\varphi = -ky \tag{1}$$

を得る．ポテンシャル U と力の関係は

$$F_x = -\frac{\partial U}{\partial x}, \qquad F_y = -\frac{\partial U}{\partial y} \tag{2}$$

である．(1)と(2)を比べると，たとえば，x 成分について

$$-\frac{\partial U}{\partial x} = -kx$$

である．ポテンシャルが

$$U = \frac{1}{2}kx^2 + c_1 \tag{3}$$

であれば，上式は満足される．ここで，c_1 は x によらない定数であるが，y の関数であってもよい．(3)を(2)の y 成分に代入し，(1)と比較すると

$$-\frac{\partial c_1}{\partial y} = -ky$$

を得る．これから

$$c_1 = \frac{1}{2}ky^2 + c_2 \tag{4}$$

であればよいことがわかる．ここで，c_2 は y によらない定数である．c_1 はもともと x に依存しなかったから，c_2 は x にも y にもよらない定数である．(3)と(4)から

$$U = \frac{1}{2}kx^2 + \frac{1}{2}ky^2 + c_2 = \frac{1}{2}kr^2 + c_2$$

が得られる．最後の式に移るとき $x^2+y^2=r^2$ を用いた．普通 c_2 は 0 に選ぶ．

例題 3.16 力 $\boldsymbol{F}$ が保存力であれば積分 $\int_A^B \boldsymbol{F}\cdot d\boldsymbol{r}$ が始点Aと終点Bの位置だけによって決まり，AとBを結ぶ経路によらない．右図のように点 $A(x, y)$ から点 $B(x+h, y+k)$ までの積分でⅠの経路とⅡの経路による値が同じになる条件から，力が保存力であるためには

$$\frac{\partial F_x}{\partial y} = \frac{\partial F_y}{\partial x}$$

が成立することを示せ．

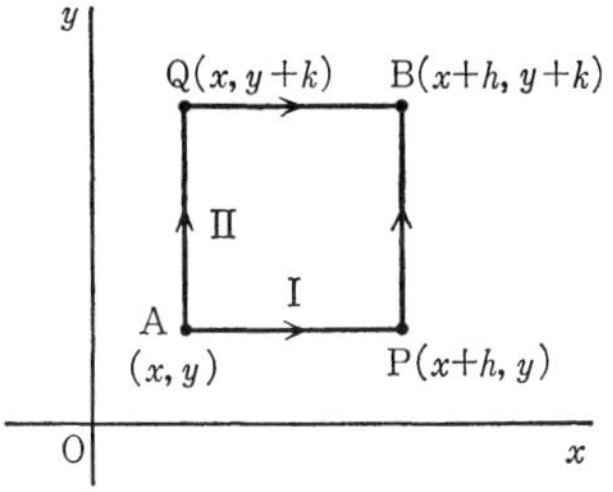

［解］ 経路Ⅰによる積分を W_{I} とすると

$$W_{\mathrm{I}} = \int_A^B \boldsymbol{F}\cdot d\boldsymbol{r} = F_x(x, y)h + F_y(x+h, y)k$$

となる．ここで，F_x と F_y は力 $\boldsymbol{F}$ の x 成分と y 成分である．最後の式の第1項はAからPまでの積分を表わし，点Aにおける x 方向の力 $F_x(x, y)$ に線分APの長さ h を掛けた量であり，第2項は点Pにおける y 方向の力 $F_y(x+h, y)$ に線分PBの長さ k を掛けた量である．

経路Ⅱによる積分の値 W_{II} も同様にして

$$W_{\mathrm{II}} = F_y(x, y)k + F_x(x, y+k)h$$

と計算できる．右辺第1項はAからQまでの積分を，第2項はQからBまでの積分を表わす．

力が保存力であるためには $W_{\mathrm{I}} = W_{\mathrm{II}}$ である．つまり，

$$\{F_x(x, y+k) - F_x(x, y)\}h = \{F_y(x+h, y) - F_y(x, y)\}k \qquad (1)$$

が成り立たなければならない．左辺の括弧の中は x と y の関数である x 方向の力 $F_x(x, y)$ において，x を一定に保ち y を k だけずらしたときの関数の変化を表わす．この変化は偏微分を使って

$$F_x(x, y+k) - F_x(x, y) = \frac{\partial F_x(x, y)}{\partial y}k$$

と書くことができる．同様にして，(1)の右辺の括弧の中は

$$F_y(x+h, y) - F_y(x, y) = \frac{\partial F_y(x, y)}{\partial x}h$$

となる．したがって，(1)は偏微分を用いて

$$\frac{\partial F_x}{\partial y} = \frac{\partial F_y}{\partial x}$$

と表わすことができる．保存力であれば，F_x と F_y のあいだに上式が成り立つ．

問 題 3-9

[1] xy 平面内で定義される次の力が保存力かどうかを例題3.16で与えた関係式を用いて調べよ．

(i) 原点からの距離 r の2乗に反比例する引力．

(ii) 原点からの距離 r に比例する引力．

[2] 平面内ではたらく力

(i) $F_x = -ax^2y, \quad F_y = -\dfrac{1}{3}ax^3$

(ii) $F_x = -ax^2y, \quad F_y = -ay^2$

(iii) $F_x = -axy, \quad F_y = -\dfrac{1}{2}ax^2 - y^2$

はそれぞれ保存力か．もしも保存力ならばそのポテンシャルを求めよ．ただし，$x=y=0$ のときポテンシャルは0であるとする．

[3] 原点からの距離 r に比例し，原点に向かう力($\boldsymbol{F} = -k\boldsymbol{r}$)を受けて平面上を運動する質量 m の質点が原点で運動エネルギー $mv_0^2/2$ をもっているとする．質点は原点からどこまで遠ざかることができるか．エネルギー保存の法則を用いて答えよ．

[4] 原点からの距離 r の関数として，ポテンシャル U が

$$U = \frac{1}{2}kr^2 - \frac{1}{8}k\alpha^2 r^4$$

で与えられるとき，質点が有限の領域で運動するためには，質点の位置および全エネルギーにどのような制限が必要かを述べよ．

4

惑星の運動と中心力

人工衛星の観測によって宇宙への関心が高まっている．衛星の軌道計算は複雑であるが力学の問題である．歴史的に見ると，太陽を回る惑星の運動を理解しようとする試みが力学の基礎を築くきっかけとなっている．ここで学ぶケプラーの発見した法則はニュートンによる力学理論形成のうえで重要な役割を果した．

4-1　ケプラーの法則

ケプラーは惑星が太陽のまわりをまわる運動を 3 つの法則にまとめた(**ケプラーの法則**).

> **第 1 法則**　惑星は太陽を焦点の 1 つとする楕円軌道を描く.
>
> **第 2 法則**　太陽と惑星を結ぶ直線が単位時間に掃く面積(面積速度)は一定である(面積の定理).
>
> **第 3 法則**　惑星が太陽のまわりをまわる周期の 2 乗は楕円軌道の長半径の 3 乗に比例する.

地球のまわりをまわる月の運動は，地球による引力が月の円軌道の向心力に等しいとおいて求めることができる．地球の表面で 1 kg の質量にはたらく地球の引力は g N であるが，地球の中心から月の中心までの距離は地球の半径の約 60 倍であるから，地球が月を引く引力 f は

$$f = \frac{mg}{60^2}$$

となる．ここで，引力は距離の 2 乗に反比例すると仮定し，月の質量を m kg とした．地球をまわる月の角速度を ω，地球の中心から月の中心までの距離を R とすると，円運動の向心力は $mR\omega^2$ となる．この向心力が地球の引力と等しくなければならない，$f=mR\omega^2$．したがって，月が地球を 1 周する時間は

$$T = \frac{2\pi}{\omega} = 2\pi\sqrt{\frac{60^2R}{g}} = 120\pi\sqrt{\frac{R}{g}}$$

となる．$R=3.84\times10^8$ m，$g=9.8$ m/s^2 を代入すると

$$T = 2.36\times10^6 \text{ s} = 27.3 \text{ 日}$$

となり，月の公転周期の観測値 27.3 日とよく一致する．

例題 4.1　中心間の距離が r だけ離れた2つの物体(質量を m_1, m_2 とする)のあいだにはたらく引力は，質量の積 m_1m_2 に比例し，距離の平方 r^2 に反比例する．

引力についてのこの性質を用い，月面上の重力は地球上の重力の約 1/6 であることを示せ．ただし，月の質量は地球の質量の 1/81.3 であり，月の半径は地球の半径の 1/3.6 である．

［**解**］　質量 1 kg の物体が，地球上で地球から受ける引力 F は

$$F = \frac{GM}{R^2} \tag{1}$$

である．ここで，M は地球の質量，R は地球の半径，G は比例定数である．この力は地上における重力加速度に等しい．

同じ 1 kg の物体が，月面上で月から受ける引力を f とすると，

$$f = \frac{Gm}{r^2} \tag{2}$$

となる．ここで，m と r は月の質量と半径を表わす．これは月面における重力加速度である．$m=M/81.3$，$r=R/3.6$ を代入し

$$\begin{aligned} f &= \frac{GM}{R^2}\frac{(3.6)^2}{81.3} \\ &\cong \frac{GM}{R^2}\frac{1}{6.30} \end{aligned}$$

を得る．(1)を用いると

$$\frac{f}{F} \cong \frac{1}{6.30}$$

となり，月面における重力は地上の重力の約 1/6 であることがわかる．

月面では物体にはたらく引力が弱いから初速度 v_0 で真上に投げ上げられた物体の最高点の高さは，地球上よりも高くなる．例題 3.1 の結果から，最高点の高さ h は

$$h = \frac{{v_0}^2}{2g}$$

である．地球上に比べ月面では重力加速度 g は 1/6 であることが上の計算でわかった．したがって，投げ上げられた物体の最高点の高さは約 6 倍になる．

角度 θ で斜めに打ち上げられた物体の軌道を地球上と月面について描くとどのような違いがでるだろうか．考えてみよ．

例題 4.2　太陽のまわりをまわる惑星の軌道が円であると仮定し，太陽の引力を円運動の向心力に等しいとおいて，ケプラーの第3法則を導け．第3法則から，地球の30倍の軌道半径をもつ海王星の公転周期を計算せよ．

［**解**］　太陽の質量を M，惑星の質量を m とし，太陽の中心から惑星の中心までの距離を R とすると，惑星が受ける太陽からの引力は

$$F = \frac{GmM}{R^2} \tag{1}$$

である．これを円運動の向心力 $mR\omega^2$ と等しいとおいて

$$\frac{GmM}{R^2} = mR\omega^2 \tag{2}$$

を得る．円運動の周期 $T=2\pi/\omega$ を用いると

$$T^2 = \beta R^3 \tag{3}$$

となり，周期の2乗は軌道半径の3乗に比例するというケプラーの第3法則を得る．ただし，上式で

$$\beta = \frac{4\pi^2}{GM} \tag{4}$$

である．R が30倍になると周期は $(30)^{3/2} \cong 164$ 倍であるから，海王星の公転周期は164年になる．

表 4-1　惑星の諸性質

	水星	金星	地球	火星	木星	土星	天王星	海王星	冥王星
軌道の長半径 a (AU)*	0.39	0.72	1.00	1.52	5.2	9.6	19.2	30.1	39.5
軌道の離心率 ε	0.206	0.007	0.017	0.093	0.049	0.056	0.046	0.009	0.249
公転周期 T(年)	0.24	0.62	1.00	1.9	11.9	29.5	84.0	164.8	247.8
赤道半径 (地球＝1)**	0.38	0.95	1.00	0.53	11.2	9.4	4.0	3.8	0.18
質量 (地球＝1)***	0.055	0.815	1.00	0.107	317.8	95.2	14.5	17.2	0.0022
平均密度 (g/cm^3)	5.43	5.24	5.52	3.93	1.33	0.70	1.30	1.76	2.07

*　AU＝天文単位(地球を1とする単位)．地球の軌道の長半径は 1.495×10^8 km.

**　地球の赤道半径は 6378 km.

***　地球の質量は 5.975×10^{24} kg.

問　題 4-1

[1]　太陽のまわりをまわる惑星の軌道が円軌道であるとすると，惑星の速さ v は軌道半径 R の平方根に逆比例する（$v \propto 1/\sqrt{R}$）ことを示せ．

[2]　円軌道を描く惑星の速度 v と半径 R のあいだに成立する前問の関係（$v \propto 1/\sqrt{R}$）から，ケプラーの第3法則を導け．

[3]　地表からの高度が 200 km 程度である人工衛星の軌道半径は地球の半径（6378 km）にほぼ等しいと考えられ，地表すれすれを飛行しているとしてよい．そのような人工衛星の周期が約 1.4 時間になることを次の 2 つの方法によって求めよ．

（a）　月が地球をまわる周期は 27.3 日であり，人工衛星の軌道半径は月の軌道半径の 1/60 である．ケプラーの第3法則から人工衛星の周期を求めよ．

（b）　人工衛星が地球から受ける引力と円軌道の向心力を等しいとおき，周期を求めよ．ただし，地表における重力加速度が 9.8 m/s^2 であることを使え．

[4]　静止衛星の地表からの距離を求めよ．また，静止衛星の回転の速さはいくらか．

Coffee Break　人工衛星と軌道修正

人工衛星の打ち上げには多段ロケットを使い，次第に加速すると同時に軌道を修正して，所定の軌道に衛星を乗せる．多段ロケットにするのは使い終った燃料タンクやエンジンを切り離すことによりロケットの質量を小さくして上空における加速性をよくするためである．それでは軌道を修正するのはなぜだろうか．別の言い方をすると，軌道修正をしないで人工衛星を打ち上げることができるだろうか．答は否である．その理由は，人工衛星は地球の中心を焦点の 1 つとする楕円軌道をとるから軌道の修正を行なわないと図のように必ず地球に衝突してしまうからである．つまり，大砲で人工衛星を打ち上げることはできないというわけである．

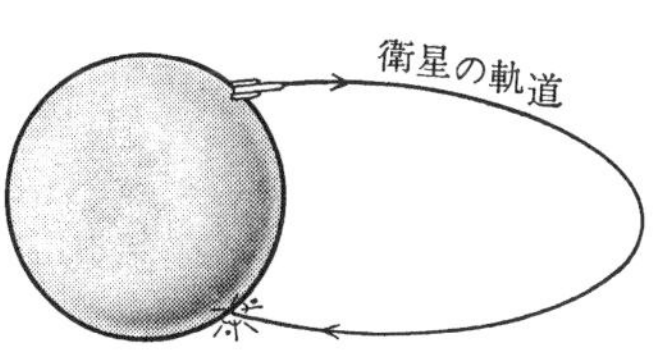

4-2　円・楕円・放物線・双曲線

楕円　楕円は2定点からの距離の和が一定の曲線である．2つの定点を**焦点**とよぶ．図4-1のように2つの焦点FとF′を結ぶ直線を x 軸とし，FとF′の中央を原点にとる．原点から焦点までの距離を c とすれば，2つの焦点から楕円上の1点P(x, y) までの距離はそれぞれ

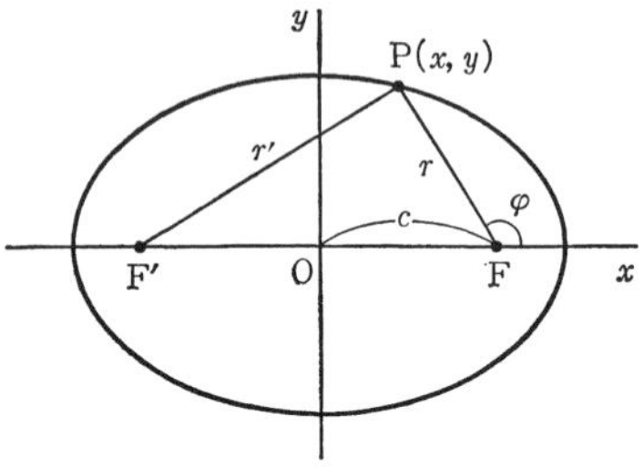

図4-1

$$r=\sqrt{(x-c)^2+y^2}, \qquad r'=\sqrt{(x+c)^2+y^2} \tag{4.1}$$

となる．上の定義から楕円は $r+r'=$一定，つまり

$$r+r'=2a \tag{4.2}$$

で与えられる．楕円の形は定数 a によって決まる．また，図4-1から明らかなように，$a>c>0$ である．(4.1)を(4.2)に代入し，両辺を2乗して整理すると

$$x^2+y^2-(2a^2-c^2)=\sqrt{\{(x-c)^2+y^2\}\{(x+c)^2+y^2\}}$$

となり，さらに2乗して最後に

$$\boxed{\frac{x^2}{a^2}+\frac{y^2}{b^2}=1} \tag{4.3}$$

を得る．ただし，$b^2=a^2-c^2\ (a\geqq b)$ である．a を**長軸半径**，b を**短軸半径**という．また，$\varepsilon=c/a=\sqrt{a^2-b^2}/a\ (1\geqq\varepsilon\geqq 0)$ を**離心率**という．

一方の焦点Fからの距離 r と，x 軸からの角 φ を用いた極座標 (r, φ) を用いると，他方の焦点F′からの距離 r' は

$$r'=\sqrt{r^2+(2c)^2+4cr\cos\varphi} \tag{4.4}$$

と表わせる．両辺を2乗し，(4.2)および $b^2=a^2-c^2$ を用いて整理すると

$$\boxed{r=\frac{l}{1+\varepsilon\cos\varphi}} \tag{4.5}$$

を得る．ここで l は**半直弦**といい $l=b^2/a$ である．これも楕円の方程式である．

例題 4.3　双曲線は 2 つの焦点 F と F′ からの距離の差が一定の曲線である ($r'-r=2a$)．楕円の方程式と同様に双曲線を表わす方程式を (x, y) 座標と (r, φ) 座標で導け．

［**解**］　点 $\mathrm{P}(x, y)$ から 2 つの焦点までの距離 r と r' は右図から，$r=\sqrt{(x-c)^2+y^2}$，$r'=\sqrt{(x+c)^2+y^2}$ である．ここで，c は原点 O から焦点までの距離を表わす．これを $r'-r=2a$ に代入して，$r'=r+2a$ として両辺を 2 乗すると

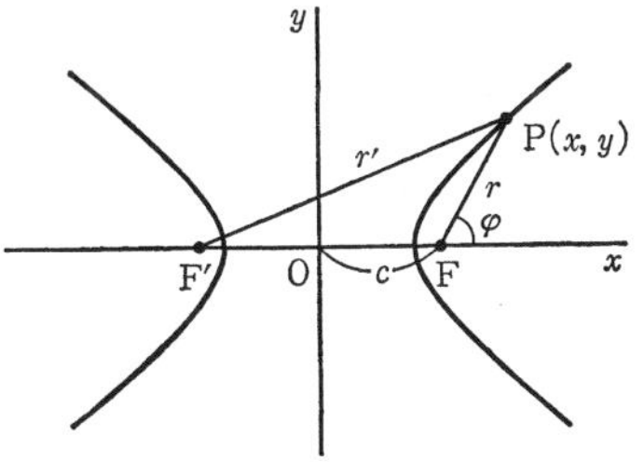

$$cx-a^2 = a\sqrt{(x-c)^2+y^2}$$

を得る．さらに，両辺を 2 乗して整理すると

$$(c^2-a^2)x^2-a^2y^2 = a^2(c^2-a^2) \tag{1}$$

を得る．

任意の三角形において，2 辺の長さの和は他の 1 辺の長さより大きい．これを 3 角形 PFF′ に適用すると，$r+2c>r'$ となる．したがって $r'-r<2c$ を得る．一方，$r'-r=2a$ とおいたから次式が成り立つ．

$$c > a \tag{2}$$

いま，$b^2=c^2-a^2$ とおくと，(1)は

$$\frac{x^2}{a^2}-\frac{y^2}{b^2} = 1$$

となる．これが，双曲線の方程式である．

極座標 (r, φ) で表示するためには，余弦定理を用い

$$r' = \sqrt{r^2+(2c)^2+4cr\cos\varphi}$$

と表わし，$r'=r+2a$ を上式に代入する．両辺を 2 乗して

$$r = \frac{b^2}{a\left(1-\dfrac{c}{a}\cos\varphi\right)}$$

を得る．楕円の方程式と同様にして，$b^2/a=l$, $c/a=\varepsilon$ とおく．ε は離心率である．(2)を用いると，双曲線の場合，離心率 ε は 1 より大きい ($\varepsilon>1$)．以上から，双曲線は

$$r = \frac{l}{1-\varepsilon\cos\varphi}$$

によって表わされる．

例題 4.4 楕円で離心率 ε を 0 から 1 に近づけるとき，楕円の形はどのように変わるか．双曲線で離心率を 1 に近づけた場合はどうか．ただし，楕円と双曲線の式に含まれる a の値はそれぞれ一定に保つものとする．

［**解**］ 楕円の方程式

$$\frac{x^2}{a^2}+\frac{y^2}{b^2} = 1 \tag{1}$$

の長軸半径 a と短軸半径 b を用いて，離心率 ε は

$$\varepsilon = \frac{\sqrt{a^2-b^2}}{a}$$

と書くことができた．$\varepsilon=0$ は $a=b$ のとき，$\varepsilon\to1$ は $b\to0$ のとき実現する．$a=b$ では長軸半径と短軸半径は等しく，楕円は円になる．つまり，離心率が 0 の楕円は円である．a を一定に保ち，b を 0 に近づけると短軸半径が小さくなり，楕円は上下から次第につぶされる．$\varepsilon=0, 0.5, 0.9$ の楕円を図 1 に示す．

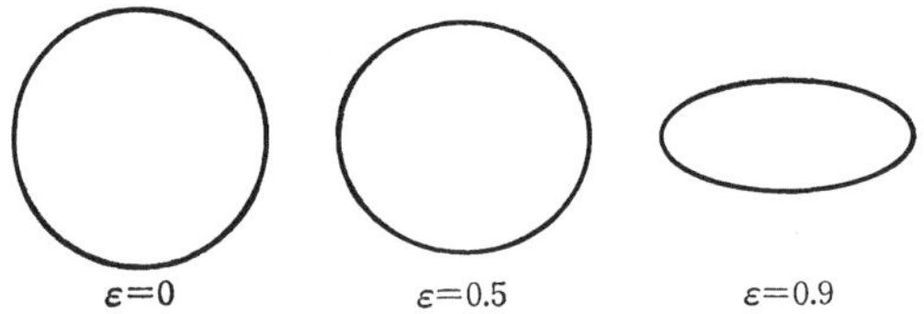

図 1

双曲線の方程式

$$\frac{x^2}{a^2}-\frac{y^2}{b^2} = 1 \tag{2}$$

において，離心率 ε は $\varepsilon=\sqrt{a^2+b^2}/a$ で与えられる(例題 4.3 参照)．(2)において，a と b は $x, y\to\pm\infty$ における漸近線を決定する．(2)で $|x|\gg a$, $|y|\gg b$ のとき右辺の 1 は省略できるから，$y=\pm(b/a)x$ となり，漸近線が求められる．離心率を 1 に近づけると b は 0 に近づき，漸近線の傾きの大きさは減少する．したがって，離心率が 1 に近づくと双曲線は次第につぶれる．図 2 に $\varepsilon=3.0, 1.5, 1.1$ の双曲線を示す．

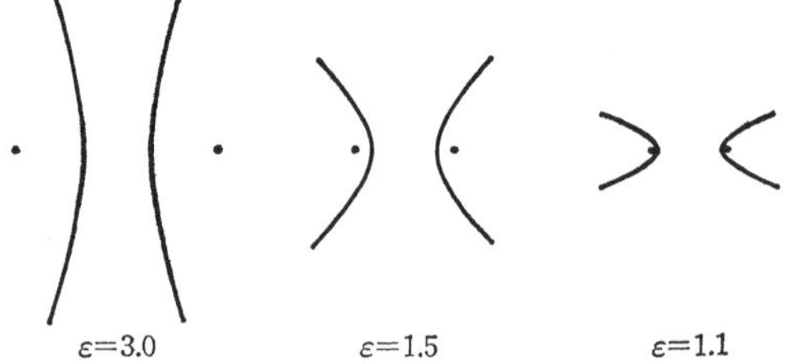

図 2

問　題 4-2

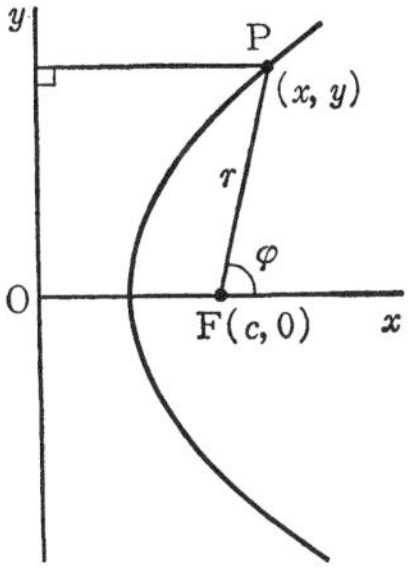

[1]　放物線は焦点Fからの距離と準線とよばれる直線(右図では y 軸)からの距離が等しい曲線である．放物線の方程式を (x, y) 座標と (r, φ) 座標で書け．

[2]　楕円の方程式(4.3)において，$x=a$ を新たに原点に選んだとき，楕円の方程式はどのように書き表わされるか．その方程式は，新しい座標の原点付近，つまり，$|x| \ll a$ では放物線で近似されることを示せ．$x=-a$ に原点を移した場合はどうか．

[3]　双曲線 $x^2/a^2-y^2/b^2=1$ について前問と同じように，$x=a$ を原点に選び双曲線の方程式を書き改めよ．新しい座標の原点付近では，双曲線は放物線で近似できることを示せ．

[4]　太陽からの距離に従い，惑星は「水金地火木土天海冥」の順に楕円運動をしている．しかし，「水金地火木土天冥海」となりうることを，70ページ表4-1の a と ε の値をもとに確かめよ．

Coffee Break　焦点のおもしろい性質

2次曲線の焦点には興味深い幾何学的性質がある．楕円の一方の焦点から出た直線が楕円と交差して反射するならば，それは必ず他の焦点を通る．つまり，焦点から四方に音を出したとすると，音は他の焦点に再び集まる．ヨーロッパの古い教会堂には，屋根の形が回転楕円体に作られているものがあるという．一方の焦点で声を出すと，他方の焦点にほぼ同じ強さで聞こえるという．

放物線の軸に平行に入射する直線は反射して焦点に集まる．マイクロ波の送信・受信に使われるパラボラ(放物線)アンテナは，放物線の焦点に送信用・受信用素子をおき，マイクロ波を軸にほぼ平行に送ったり，軸とほぼ平行に伝わってくるマイクロ波を受信するために用いられている．

4-3　中心力と平面極座標

惑星の運動を考えるとき，太陽は不動としてよい．それは，太陽はすべての惑星に比べてはるかに質量が大きいからである．また，同様な理由で惑星が受ける力は太陽の引力だけであると考えてよい．この力は空間内の一定点へ向き，力の大きさはその点からの距離の関数である．このような力を**中心力**といい，この定点を**力の中心**という．中心力の場では質点は1つの平面内で運動する．

極座標の運動方程式　図4-2に示す平面極座標 (r, φ) を用いると，座標 (x, y) は

$$x = r\cos\varphi, \qquad y = r\sin\varphi \tag{4.6}$$

と表わすことができる．動径方向にはたらく中心力の大きさを $f(r)$ とすると，平面極座標で書いた運動方程式は

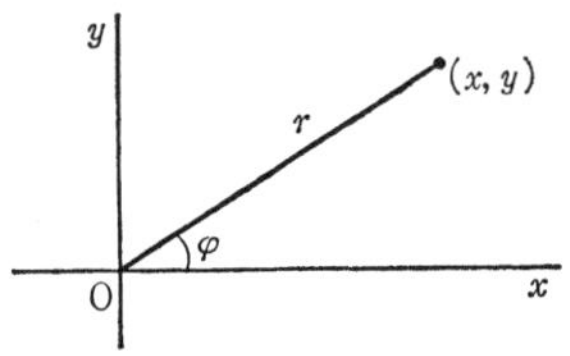

図 4-2

$$m(\ddot{r}-r\dot{\varphi}^2) = f(r), \qquad m(2\dot{r}\dot{\varphi}+r\ddot{\varphi}) = 0 \tag{4.7}$$

となる．これを求めるには，(4.6)を時間 t で2回微分し，x 方向，y 方向の運動方程式に代入すればよい．

面積の定理　運動方程式(4.7)の第2式(方位角方向の運動方程式という)に r を掛けて m で割って書き改めると $d(r^2\dot{\varphi})/dt=0$ を得る．時間について積分して $r^2\dot{\varphi}=h$(一定)となる．これは弧の長さが $r\dot{\varphi}$，動径の長さが r の円弧の面積 $r^2\dot{\varphi}/2$ の2倍に等しい．つまり，方位角方向の運動方程式は長さ r の動径が単位時間に掃引する面積(**面積速度**という)が一定であることを述べている．これを**面積の定理**という．

運動エネルギー　平面極座標において運動エネルギー K は

$$K = \frac{m}{2}(\dot{r}^2+r^2\dot{\varphi}^2) \tag{4.8}$$

と書くことができる．

例題 4.5　力の中心から距離 r の点にある質点は引力(中心力) $f(r)=-\mu/r^2$ を受ける．ここで，μ はある定数である．r だけの関数 $U(r)$ が

$$f(r) = -\frac{dU(r)}{dr}$$

を満足するとき，$U(r)$ を中心力のポテンシャル，あるいは位置エネルギーという．$U(r)$ を求めよ．ただし，$r\to\infty$ で $U(r)\to 0$ とする．また，このとき運動エネルギー K を計算し，それと位置エネルギーの和を求めよ．

［解］　中心力 $f(r)$ として $-\mu/r^2$ を代入すると

$$\frac{dU(r)}{dr} = \frac{\mu}{r^2} \tag{1}$$

である．$1/r$ を r で微分すると $-1/r^2$ になることに注意すると，C を任意の定数として

$$U(r) = -\frac{\mu}{r}+C$$

であれば，$U(r)$ は(1)を満たすことがわかる．$r\to\infty$ で $U(r)\to 0$ になるには，定数 C は 0 でなければならず，結局

$$U(r) = -\frac{\mu}{r} \tag{2}$$

を得る．運動エネルギーを計算するには

$$x = r\cos\varphi, \qquad y = r\sin\varphi$$

を時間 t で微分した

$$\dot{x} = \dot{r}\cos\varphi - r\dot{\varphi}\sin\varphi, \qquad \dot{y} = \dot{r}\sin\varphi + r\dot{\varphi}\cos\varphi$$

を運動エネルギー K の式

$$K = \frac{1}{2}m(\dot{x}^2+\dot{y}^2) \tag{3}$$

に代入して次式を得る．

$$K = \frac{1}{2}m(\dot{r}^2+r^2\dot{\varphi}^2) \tag{4}$$

ここで，三角関数の公式 $\sin^2\varphi+\cos^2\varphi=1$ を用いた．

運動エネルギー K と位置エネルギー U の和は

$$K+U = \frac{1}{2}m(\dot{r}^2+r^2\dot{\varphi}^2)-\frac{\mu}{r} \tag{5}$$

となる．この和は力学的エネルギー E である．

例題 4.6　中心力を受けて運動する質点の動径が時間 dt のあいだに掃引する面積を dS とすると，面積速度 dS/dt は

$$\frac{dS}{dt}=\frac{1}{2}r^2\frac{d\varphi}{dt}$$

で与えられることを示せ．ただし，dt のあいだに動径 r と方位角 φ はそれぞれ $dr, d\varphi$ だけ変化すると仮定する．

質点が力の中心である焦点のまわりを離心率 $\varepsilon=0.5$ の楕円軌道を描いて運動しているとする．質点が図1で長軸上の2点 A, B を通過するときの速さの比 v_A/v_B を求めよ．

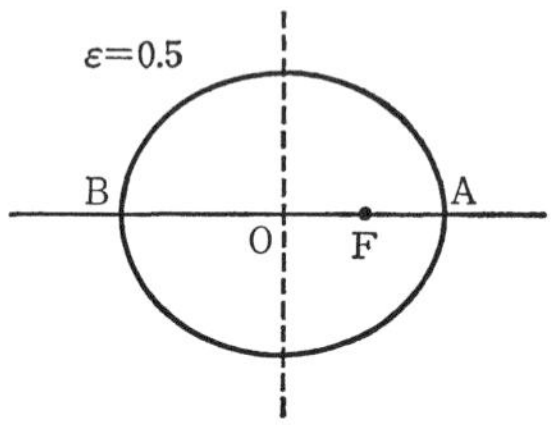

図1

［解］　時間 dt のあいだに動径は r から $r+dr$ まで変化したとすると，その間に動径が掃引する面積 dS は半径 $r+dr/2$, 角 $d\varphi$ の扇形の面積によって近似できる(図2)．扇形の面積は同じ半径の円の面積 $\pi(r+dr/2)^2$ の $d\varphi/2\pi$ 倍に等しい．なぜなら，扇形と円の面積の比は角度 $d\varphi$ と 2π の比に等しいからである．ゆえに

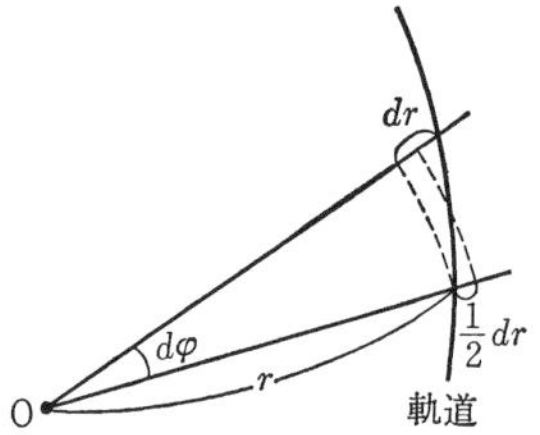

図2

$$dS=\pi\left(r+\frac{1}{2}dr\right)^2\frac{d\varphi}{2\pi}$$
$$=\frac{1}{2}r^2d\varphi+\frac{1}{2}rdr\cdot d\varphi+\frac{1}{8}(dr)^2\cdot d\varphi$$

となる．積 $dr\cdot d\varphi$, $(dr)^2\cdot d\varphi$ は高次の微小量であるから無視することができ，結局

$$dS=\frac{1}{2}r^2d\varphi$$

を得る．両辺を dt で割って

$$\frac{dS}{dt}=\frac{1}{2}r^2\frac{d\varphi}{dt}$$

あるいは

$$\dot{S}=\frac{1}{2}r^2\dot{\varphi}$$

となる．運動方程式から $r^2\dot{\varphi}$ は一定であるから，$\dot{S}=$一定 の面積の定理，つまり，ケプ

ラーの第2法則を得る.

面積の定理から $r^2\dot{\varphi}$ はつねに一定である. 2点A, Bにおける $\dot{\varphi}$ の値を $\dot{\varphi}_A, \dot{\varphi}_B$ とし, そのときの動径の大きさを r_A, r_B とすると,

$$\frac{\dot{\varphi}_A}{\dot{\varphi}_B} = \frac{{r_B}^2}{{r_A}^2}$$

である. 速さ v_A, v_B は

$$v_A = r_A\dot{\varphi}_A, \quad v_B = r_B\dot{\varphi}_B$$

であるから

$$\frac{v_A}{v_B} = \frac{r_A\dot{\varphi}_A}{r_B\dot{\varphi}_B} = \frac{r_B}{r_A}$$

となる. 離心率 $\varepsilon=0.5$ の楕円では $\overline{OA}:\overline{OF}=2:1$ であるから $r_B/r_A=3$ である. ゆえに $v_A/v_B=3$ となる.

問題 4-3

[1] 面積の定理から惑星の運動についてどのようなことが予想できるか.

[2] 太陽を焦点の1つとして離心率0.967の偏平な楕円軌道上を運動するハレー彗星の速さが最も大きくなるのは, どのようなときか. ハレー彗星の速さの最大値と最小値の比はいくらか.

[3] 平面極座標で書いた運動方程式の動径方向および方位角方向成分は

$$m(\ddot{r}-r\dot{\varphi}^2) = f(r)$$

$$m(2\dot{r}\dot{\varphi}+r\ddot{\varphi}) = 0 \quad \text{または} \quad r^2\dot{\varphi} = \text{一定}$$

である. ただし, $f(r)$ は中心力を表わす. 惑星が中心力 $-\mu/r^2$ を受け, 太陽のまわりを半径 a の円周に沿って運動しているとする. 運動方程式から, 惑星は太陽のまわりを一定の角速度で回転することを示し, 次にケプラーの第3法則が成立していることを示せ.

[4] 前問で与えた平面極座標の運動方程式において, 動径方向成分には方位角 φ が含まれ, 方位角方向成分には動径 r が含まれている. 方位角方向成分を積分して得られる面積の定理を用いて, $\dot{\varphi}$ を r によって表わし, 動径方向成分の運動方程式から方位角を消去せよ. 同じく面積の定理を用いて, 例題4.5で求めた運動エネルギーから方位角を消去せよ.

4-4 ケプラーの法則から太陽の引力を導くこと

太陽の引力 ケプラーの第1法則は，惑星の軌道は楕円であるという．楕円は次式で与えられる．

$$r = \frac{l}{1+\varepsilon\cos\varphi}, \qquad l = \frac{b^2}{a} \tag{4.9}$$

a, b はそれぞれ楕円の長軸半径，短軸半径である．r を時間で微分し，ケプラーの第2法則 $r^2\dot{\varphi}=h$(一定)を用いて $\dot{\varphi}$ を h/r^2 に書き改めると

$$\ddot{r} = \frac{h^2}{r^3} - \frac{h^2}{lr^2} \tag{4.10}$$

を得る．これを運動方程式の動径方向成分

$$m(\ddot{r} - r\dot{\varphi}^2) = f(r) \tag{4.11}$$

に代入すれば次式が得られ，惑星が太陽から受ける力は太陽からの距離 r の2乗に反比例することがわかる．

$$f(r) = -\frac{mh^2}{l}\frac{1}{r^2} \tag{4.12}$$

右辺の h^2/l は惑星によらず一定であることが示される(例題4.7)．

万有引力の法則 太陽と惑星の間にはたらく引力は

$$f(r) = -G\frac{mM}{r^2} \tag{4.13}$$

によって表わされる．m と M は惑星と太陽の質量，G は定数である．この引力は質量に原因し，すべての物体の間にはたらく．これを**万有引力**という．万有引力定数 G の値は

$$G = 6.672\times10^{-11}\ \mathrm{N\cdot m^2/kg^2}$$

である．

例題 4.7 ケプラーの第1法則と第2法則を用いると，運動方程式から，惑星は太陽から

$$f(r) = -\frac{mh^2}{l}\frac{1}{r^2} \tag{1}$$

という引力を受けることがわかる．ここで右辺の係数 h^2/l が惑星の種類によらない定数であることを，ケプラーの第3法則 $T^2/a^3=c$ と楕円の性質 $l=b^2/a$ を用いて示せ．

さらに 70 ページ表 4-1 に示した地球に関する周期 T と長半径 a の値から上式の h^2/l の値を計算し，太陽の質量 $M=1.987\times10^{30}$ kg を用いて万有引力定数 G を求めよ．

［解］ 楕円の方程式のもつ性質から $b=\sqrt{al}$ である．第2法則から周期 T と面積速度 $h/2$ との積は，楕円の面積 πab に等しい．つまり

$$\frac{Th}{2} = \pi ab = \pi a^{3/2}l^{1/2}$$

である．これから h^2/l を求めると $h^2/l=4\pi^2a^3/T^2$ となる．一方，第3法則 $T^2/a^3=c$ において，c は惑星によらない定数である．ゆえに

$$\frac{h^2}{l} = \frac{4\pi^2}{c} \tag{2}$$

は惑星によらない定数である．

(2)を(1)に代入した

$$f(r) = -\frac{4\pi^2 m}{c}\frac{1}{r^2} \tag{3}$$

を万有引力の式

$$f(r) = -G\frac{mM}{r^2} \tag{4}$$

と比較すると $GM=4\pi^2/c$ であることがわかる．表 4-1 の地球に関するデータから，$T=$ 1 年 $=365\times24\times60\times60$ s $\cong 3.154\times10^7$ s，$a=1$ AU $=1.495\times10^{11}$ m であり

$$c = \frac{T^2}{a^3} = \frac{9.948\times10^{14}}{3.341\times10^{33}} = 2.978\times10^{-19}\ \mathrm{s^2/m^3} \tag{5}$$

と計算できる．したがって，万有引力定数 G は

$$G = \frac{4\pi^2}{Mc} = 6.673\times10^{-11}\ \mathrm{m^3/kg\cdot s^2} \tag{6}$$

に等しい．ここで，$1\ \mathrm{N}=1\ \mathrm{kg\cdot m/s^2}$ を用いると $G=6.673\times10^{-11}\ \mathrm{N\cdot m^2/kg^2}$ となる．これは前ページの値にほぼ等しい．

例題 4.8　地球上で測定される重力加速度の大きさは測定点によって異なる．その原因として地殻の不均一など地理的条件があるが，最も大きなものは地球の自転による遠心力がある．表 4-2 は緯度による重力の実測値を示す．緯度が高くなるにしたがい重力は次第に増加していることがわかる．地球の中心に向かう重力加速度と遠心力の合力として重力を計算し，表 4-2 の実測値を大まかに説明せよ．ただし，地球の質量による重力加速度を 9.815 m/s² と仮定せよ．

表 4-2　重力実測値(単位：m/s²)

地名	緯度*	実測値	地名	緯度*	実測値
シンガポール	+1°	9.781	パリ	+49°	9.809
パナマ	+9°	9.782	ヘルシンキ	+60°	9.819
ホノルル	+22°	9.789	昭和基地	−69°	9.825
メルボルン	−38°	9.800			

*　緯度は + が北緯，− が南緯を表わす．

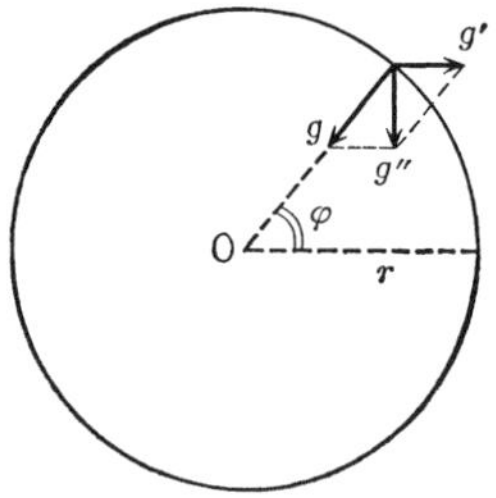

［**解**］　右図のように，地球の質量による重力加速度を g，地球の自転による加速度を g'，および両者の合力を g'' とする．自転による遠心力は $mr\omega^2\cos\varphi$ である．φ は緯度を表わし，ω は地球の自転の角速度である．$r\cos\varphi$ は緯度 φ における回転半径を表わす．自転による加速度の大きさ g' は単位質量の物体が受ける力に等しく，$g'=r\omega^2\cos\varphi$ になる．

2 つの加速度 g と g' の合成は，三角形の余弦定理から

$$g'' = \sqrt{g^2+(r\omega^2\cos\varphi)^2-2gr\omega^2\cos^2\varphi}$$

と計算される．自転の角速度は

$$\omega = \frac{2\pi}{24\times60\times60} = 7.272\times10^{-5}\ \mathrm{rad/s}$$

であり，地球の半径 r は 6.378×10^6 m であるから

$$r\omega^2 = 0.034\ \mathrm{m/s^2}$$

を得る．これと緯度 φ を上式に代入すると表 4-3 の計算値を得る．計算値は実測値と必ずしもよく一致しているわけではないが，実測値の傾向を再現していることがわかる．

表 4-3 重力の実測値と計算値(単位: m/s^2)

緯度	実測値	計算値	緯度	実測値	計算値
$+1°$	9.781	9.781	$+49°$	9.809	9.800
$+9°$	9.782	9.782	$+60°$	9.819	9.807
$+22°$	9.789	9.786	$-69°$	9.825	9.811
$-38°$	9.800	9.794			

問 題 4-4

[1] 地球の半径は 6378 km，質量は 5.975×10^{24} kg である．地表における重力加速度は $9.80\ \mathrm{m/s^2}$ になることを確かめよ．ただし，万有引力定数は $G=6.672\times10^{-11}\ \mathrm{N\cdot m^2/kg^2}$ であるとし，地表の物体が受ける力は地球の全質量が中心に集中しているものとして計算せよ．

[2] 地球上の物体が月から受ける引力，および太陽から受ける引力を計算し，両者の大きさを比較せよ．ただし，月と太陽までの距離をそれぞれ 3.844×10^5 km，1.495×10^8 km とし，両者の質量をそれぞれ 7.35×10^{22} kg，1.987×10^{30} kg とする．

[3] 平面極座標で書いた運動方程式の動径方向成分

$$m(\ddot{r}-r\dot{\varphi}^2)=f(r)$$

において，左辺第 2 項を右辺に移項することにより，それが遠心力を表わすことを示せ．簡単のため，軌道は円であると仮定せよ．

[4] 前問の結果を用いると，地球の赤道面上にある物体が受ける力は地球の引力と遠心力の差になることを示し，例題 4.8 で緯度 φ を 0 とおいた結果に一致することを示せ．

4-5 太陽の引力から惑星の運動を導くこと

運動方程式 太陽の引力は，Mを太陽の質量，mを惑星の質量，Gを万有引力定数とすると$f(r)=-GMm/r^2$であるから，惑星の動径方向の運動方程式として

$$\ddot{r}=\frac{h^2}{r^3}-G\frac{M}{r^2} \tag{4.14}$$

を得る．ここで面積の定理を用い，方位角の時間微分$\dot{\varphi}$をh/r^2に置き換えた．(4.14)において動径rは時間tの関数である．方位角φも時間の関数である．しかし，rがφの関数であり，そのφが時間の関数であるという見方をすると，(4.14)は簡単に解くことができる．$u=1/r$とおくと

$$\begin{aligned}\dot{r}&=\dot{\varphi}\frac{dr}{d\varphi}=\frac{h}{r^2}\frac{dr}{d\varphi}=-h\frac{du}{d\varphi}\\ \ddot{r}&=-h\dot{\varphi}\frac{d^2u}{d\varphi^2}=-\frac{h^2}{r^2}\frac{d^2u}{d\varphi^2}\end{aligned} \tag{4.15}$$

であるから，(4.14)は次式に変形される．

$$\frac{d^2u}{d\varphi^2}+u=\frac{GM}{h^2} \tag{4.16}$$

軌道 (4.16)はuについての非斉次線形微分方程式であるから，解は斉次方程式の一般解と，非斉次方程式の特解の和で与えられる．

$$u=A\cos(\varphi-\varphi_0)+\frac{GM}{h^2} \qquad (A\geqq 0)$$

$r=1/u$により軌道の方程式

$$r=\frac{l}{1+\varepsilon\cos(\varphi-\varphi_0)} \qquad \left(l=\frac{h^2}{GM},\ \varepsilon=\frac{h^2}{GM}A\right) \tag{4.17}$$

を得る．これは太陽を焦点とする楕円 ($\varepsilon<1$)，放物線 ($\varepsilon=1$)，双曲線 ($\varepsilon>1$) を表わす方程式である．定数φ_0は0にとる場合が多い．

例題 4.9　運動方程式(4.14)の両辺に $m\dot{\boldsymbol{r}}$ を掛け，時間に関して一度積分することにより，エネルギー保存則

$$\frac{1}{2}m\left(\dot{r}^2+\frac{h^2}{r^2}\right)-G\frac{Mm}{r} = E \tag{1}$$

を導け．ここで，エネルギー E は定数である．左辺第1項は運動エネルギー K を表わし，第2項は位置エネルギー U を表わすことを確かめよ．これに軌道の方程式

$$r = \frac{l}{1+\varepsilon\cos\varphi}, \qquad l = \frac{h^2}{GM}$$

を代入して，離心率 ε を面積速度 $h/2$ とエネルギー E の関数として表わせ．

［**解**］　運動方程式に $m\dot{\boldsymbol{r}}$ を掛けて得られる式の各項を

$$\dot{r}\ddot{r} = \frac{1}{2}\frac{d}{dt}(\dot{r})^2, \qquad \dot{r}\frac{1}{r^3} = -\frac{1}{2}\frac{d}{dt}\left(\frac{1}{r^2}\right), \qquad \dot{r}\frac{1}{r^2} = -\frac{d}{dt}\left(\frac{1}{r}\right)$$

によって変形すると

$$\frac{d}{dt}\left(\frac{1}{2}m\dot{r}^2+\frac{1}{2}m\frac{h^2}{r^2}-G\frac{Mm}{r}\right) = 0 \tag{2}$$

となる．左辺の括弧の中は時間によらない定数であることがわかる．その定数を E とおくと(1)を得る．面積の定理から $h=r^2\dot{\varphi}$ であるから，(1)の左辺第1項は

$$K = \frac{1}{2}m(\dot{r}^2+r^2\dot{\varphi}^2) \tag{3}$$

となり，平面極座標で表わした運動エネルギーに等しい(例題4.5)．左辺第2項は万有引力の位置エネルギーであるから，(1)はエネルギー保存則にほかならない．

軌道の方程式を(1)に代入し，$\dot{\varphi}=h/r^2$，$l=h^2/GM$ を使うと

$$\frac{1}{2}m(\dot{r})^2 = \frac{1}{2}m\left\{\dot{\varphi}\frac{dr}{d\varphi}\right\}^2 = \frac{\varepsilon^2G^2M^2m}{2h^2}\sin^2\varphi \tag{4}$$

$$\frac{mh^2}{2r^2}-\frac{GMm}{r} = -\frac{G^2M^2m}{2h^2}+\frac{\varepsilon^2G^2M^2m}{2h^2}\cos^2\varphi \tag{5}$$

となるから，$E=(\varepsilon^2-1)G^2M^2m/(2h^2)$ を得る．最後の式で，$\sin^2\varphi+\cos^2\varphi=1$ を用いた．したがって

$$\varepsilon^2 = 1+\frac{2h^2E}{G^2M^2m} \tag{6}$$

の関係が成り立っていることがわかる．

例題 4.10 エネルギー保存則

$$\frac{1}{2}m\dot{r}^2+\frac{1}{2}\frac{mh^2}{r^2}-G\frac{Mm}{r}=E$$

の左辺で，r のみに依存する第 2，第 3 項の和をポテンシャル $W(r)$ とみなすとしよう．$W(r)$ を r の関数として図示し，極小値を与える r_0 と極小値 $W(r_0)$ を求めよ．また，円軌道 ($\varepsilon=0$) を描く惑星のエネルギー E を面積速度 $h/2$ の関数として求め，それがポテンシャルの極小値 $W(r_0)$ に等しいことを示せ．

［**解**］ ポテンシャル $W(r)$ は

$$W(r)=\frac{1}{2}\frac{mh^2}{r^2}-G\frac{Mm}{r} \tag{1}$$

である．$r\to 0$ のとき，右辺の第 1 項からの寄与が第 2 項より大きくなるので，$W(r)\cong mh^2/(2r^2)$ と近似でき，$W(r)$ は $+\infty$ に発散する．逆に $r\to+\infty$ では第 2 項の寄与が第 1 項を上回り，$W(r)\cong -GMm/r$ と近似できる．このとき，$W(r)$ は負の側から 0 に近づく．したがって，ある有限の r でポテンシャル $W(r)$ は極小値をもつはずである．極小値を与える r_0 は

$$\frac{dW(r)}{dr}=-\frac{mh^2}{r^3}+\frac{GMm}{r^2}=0 \tag{2}$$

を満足する r，つまり

$$r_0=\frac{h^2}{GM} \tag{3}$$

である．極小値は

$$W(r_0)=\frac{1}{2}\frac{mh^2}{{r_0}^2}-G\frac{Mm}{r_0}=-\frac{G^2M^2m}{2h^2} \tag{4}$$

である．ポテンシャル $W(r)$ を右図に示す．

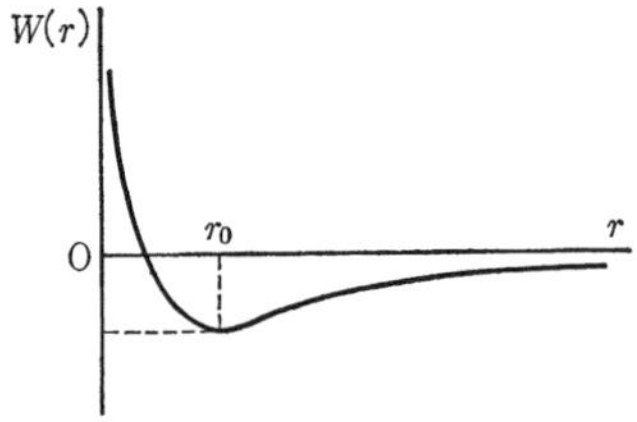

円軌道を描く惑星では，離心率 ε が 0 に等しく，しかも，太陽からの距離 r は一定 ($\dot{r}=0$) である．例題 4.9 の (6) 式によって，$\varepsilon=0$ のとき，エネルギー E は

$$E=-\frac{G^2M^2m}{2h^2}$$

で与えられる．これはポテンシャルの極小値 $W(r_0)$ に等しい．

［**注意**］ 表 4-1 によると，水星と冥王星を除くすべての惑星の離心率は 0 に近い値で

あるから，ほぼ円軌道を描いて運動していると考えられる．つまり，それらの惑星は前ページの図のポテンシャルの極小値近くを運動している．ここで，極小値 $W(r_0)$ は個々の惑星によって異なることに注意しよう．面積速度 $h/2$ は惑星ごとに異なる値をもつからである．h^2/l が惑星によらず一定である(例題 4.7)ことを思い出そう．

問　題 4-5

[1]　楕円の長軸半径を a，短軸半径を b とすると，半直弦 l は $l=b^2/a$ で与えられる(4-2 節参照)．この関係と面積速度一定の定理から，長軸半径 a と軌道の周期 T の間にケプラーの第 3 法則 $T^2=ca^3$ が成り立つことを示し，係数 c は惑星によらない定数であることを確かめよ．

[2]　ポテンシャル $W(r)=mh^2/(2r^2)-GMm/r$ とエネルギー保存則 $m\dot{r}^2/2+W(r)=E$ から，惑星が有界な運動(r が ∞ にならない運動)を行なうのは $E<0$ の場合であることを示せ．

[3]　惑星が太陽に最も近づいたとき(これを近日点といい，両者の距離を r_1 で表わす)，あるいは，最も遠ざかったとき(遠日点といい，距離を r_2 で表わす)には距離 r は極値をとるから $\dot{r}=0$ である．前問のエネルギー保存則から，このとき $W(r)=E$ である．距離 r_1 と r_2 を $E<0$ に注意して求めよ．また，軌道の方程式

$$r=\frac{l}{1+\varepsilon\cos\varphi},\qquad l=\frac{h^2}{GM}$$

から，同じように r_1 と r_2 を求め，これを $W(r)=E$ から求めた距離と等しいとおくことにより

$$\varepsilon^2=1+\frac{2Eh^2}{G^2M^2m}$$

が成り立つことを示せ．

[4]　4-2 節の楕円の方程式(4.3)から近日点，遠日点は $r_1=a-c$，$r_2=a+c$ が成り立つ．ここで，a は長軸半径，$2c$ は 2 つの焦点の間の距離である．これと前問で求めた r_1 と r_2 との比較から $a=GMm/(-2E)$ が成立することを確かめよ．

4-6　クーロン力による散乱

電気を帯びた2物体は力を及ぼし合う．この力を**静電力**または**クーロン力**という．クーロン力は距離の2乗に反比例する点で万有引力に似ているが，同じ種類の電気の間には反発力がはたらく．反発力のため衝突した物体が別の方向へ飛ばされる現象を**散乱**という．

反発力 $f(r)$ および反発力を与えるポテンシャル $U(r)$ は

$$f(r) = \frac{C}{r^2}, \qquad U(r) = \frac{C}{r} \qquad (C>0) \tag{4.18}$$

と書ける．

質量 m の質点がある固定点から距離 r の2乗に反比例する力を受けて運動する場合を考える．$C=mk\ (k>0)$ とすると，軌道の方程式は力の中心Fを焦点の1つとする双曲線となる(前節参照)．

$$r = \frac{l}{\varepsilon \cos\varphi - 1} \tag{4.19}$$

ここで，$l=h^2/k$，$\varepsilon^2=1+2h^2E/mk^2\ (>1)$ である．

図4-3には，左の焦点Fに反発力の中心があるとして軌道が描かれている．$r\to\infty\ (U\to 0)$ における速度を v_0 とすると，$E=mv_0{}^2/2$，$h=pv_0$ であるから

$$\tan\Phi = \cot\frac{\Theta}{2} = \frac{v_0{}^2 p}{k} \tag{4.20}$$

が得られる．Θ を**散乱角**，p を**衝突パラメタ**という．

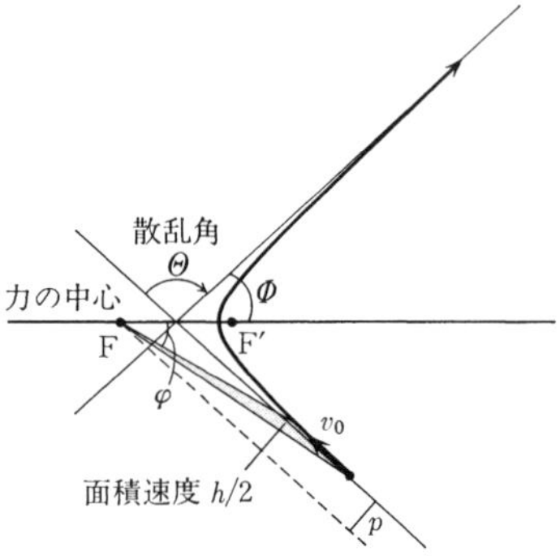

図4-3

例題 4.11 中心力 $f(r)$ を受けて運動する質量 m の質点の運動方程式は

$$m(\ddot{r}-r\dot{\varphi}^2) = f(r) \tag{1}$$

によって与えられる．面積の定理 $r^2\dot{\varphi}=h$ を用いて $\dot{\varphi}$ を消去し，さらに中心力としてクーロンの反発力を代入したのちに上式のエネルギー積分を求めよ．エネルギー積分で距離 r のみで表わされる部分を位置エネルギー W，$\dot{r}^2$ の項を運動エネルギー K と解釈すると，全エネルギー $K+W$ は正になることを示せ．また，運動はつねに有界にならないことを示せ．

［**解**］ $\dot{\varphi}$ を消去し，$f(r)=mk/r^2$ を代入すると

$$\ddot{r}-\frac{h^2}{r^3}-\frac{k}{r^2} = 0$$

が得られる．$\dot{r}$ を掛けて積分し積分定数を E とすると

$$\frac{1}{2}\dot{r}^2+\left(\frac{h^2}{2r^2}+\frac{k}{r}\right) = E \tag{2}$$

となる．したがって位置エネルギー W は

$$W = \frac{h^2}{2r^2}+\frac{k}{r} \tag{3}$$

と書くことができる．反発力に対して $k>0$ であるから W はつねに正である．ゆえに，$K+W=E>0$.

位置エネルギー W は右図のように r に対し単調に減少する．エネルギーが E_1 のとき許される運動領域は $W\leqq E_1$ で与えられる．運動領域は $r\geqq r_1$ であるから，運動は有界ではない．

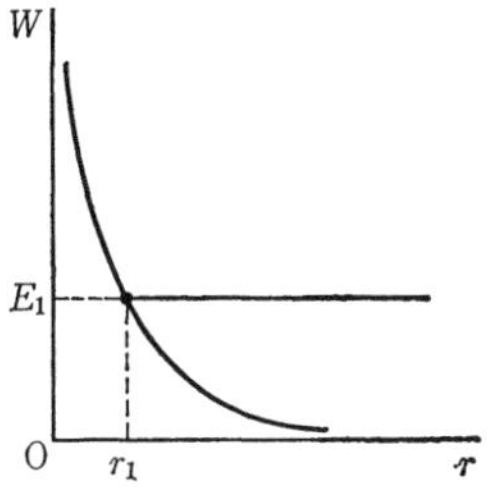

［**注意**］ クーロン力が引力のとき $(k<0)$ には $r>h^2/2|k|$ で位置エネルギーは負になる．したがって $E<0$ であれば運動は有界となり，軌道は円または楕円である．古典的な原子模型は中心に正の電荷をもった原子核のまわりを負の電荷をもった電子が運動するというものである．この場合電子の軌道は円または楕円になることがわかる．

例題 4.12 ラザフォードは正の電荷をもったα粒子の金属による散乱実験から原子核の存在を証明した．このような実験では，1個のα粒子の散乱を調べるのではなく，単位時間・単位面積当りN個の一様な粒子を入射させ，単位時間当り散乱角がΘと$\Theta+d\Theta$の間に散乱される粒子数dNを測定する．散乱実験では有効散乱断面積$d\sigma$とよばれる比$d\sigma=dN/N$が重要である．衝突パラメタがpのとき散乱角がΘ，$p+dp$のとき$\Theta+d\Theta$であるとすると，$d\sigma=2\pi pdp$となることを示せ．さらに，pとΘの関係が与えられれば

$$d\sigma = 2\pi p(\Theta)\left|\frac{dp(\Theta)}{d\Theta}\right|d\Theta$$

となることも示せ．絶対値記号は$dp/d\Theta$がしばしば負になることを考慮してつけた．

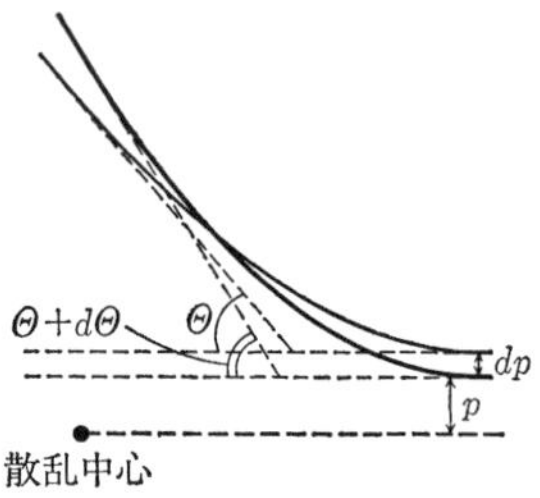

［解］ 衝突パラメタがpと$p+dp$の間にある粒子が散乱角Θと$\Theta+d\Theta$の間に散乱されるとすれば，dNは散乱前に遠方で半径pと$p+dp$の2つの円に囲まれた領域を単位時間に通過する粒子数に等しい．その領域の面積は(円周の長さ)×(2つの円の間の幅)に等しい．したがって，単位時間当りにΘと$\Theta+d\Theta$の間に散乱される粒子数dNは

$$dN = 2\pi pdp\cdot N$$

に等しい．つまり有効散乱断面積は

$$d\sigma = 2\pi pdp \tag{1}$$

となる．

実験で測定する量は散乱角がΘと$\Theta+d\Theta$の間に入る粒子数であるから(1)のpを散乱角Θを用いて表わさなければならない．((4.20)はその具体的な表現である．) もし，pとΘの関係式が与えられるとすれば

$$dp(\Theta) = \frac{dp(\Theta)}{d\Theta}d\Theta$$

であるから

$$d\sigma = 2\pi p(\Theta)\left|\frac{dp(\Theta)}{d\Theta}\right|d\Theta \tag{2}$$

が得られる．上図のように衝突パラメタpが増加すると散乱角Θは減少する場合もあるので絶対値記号をつけた．

問　題 4-6

[1]　半径 A の動かない球に質点が弾性衝突する．衝突パラメタ p を散乱角 Θ の関数として表わせ．

[2]　前問で有効衝突断面積 $d\sigma$ を散乱角について 0 から π まで積分して得られる全断面積 σ は球の断面積 πA^2 に等しいことを示せ．

[3]　半径 A の動かない球に半径 a の小球が衝突するとき，全断面積は $\pi(A+a)^2$ になることを示せ．

[4]　クーロン散乱に対して衝突パラメタ p は散乱角 Θ を用いて

$$p = \frac{k}{{v_0}^2}\cot\frac{\Theta}{2}$$

と表わされる((4.20)式)．このとき $dp/d\Theta$ は反発力のとき負，引力のとき正になることを示せ．

5

角運動量

太陽を焦点の1つとして運動する惑星や固定された軸の回りを回転する物体を考えるとき，この節で学ぶ角運動量と力のモーメントの概念が役に立つ．ここでは角運動量や力のモーメントを学ぶと同時に，次章以降に必要な数学的準備を行なう．

5-1　角運動量と力のモーメント

角運動量　平面(xy 面)上の運動を記述する運動方程式

$$m\frac{dv_x}{dt} = F_x, \qquad m\frac{dv_y}{dt} = F_y \tag{5.1}$$

の第2式に x を掛け，第1式に y を掛けて差を作ると，

$$\frac{d}{dt}\{m(xv_y - yv_x)\} = xF_y - yF_x \tag{5.2}$$

を得る．左辺の{　}の中は，運動量(の x, y 成分) $p_x = mv_x$，$p_y = mv_y$ を用いて

$$L = xp_y - yp_x \tag{5.3}$$

と書くことができ，この L を**角運動量**とよぶ．

運動量と，運動量ベクトルへ原点Oからおろした垂線の長さとの積 $r\sin\theta\cdot p$ が角運動量である(図5-1)．

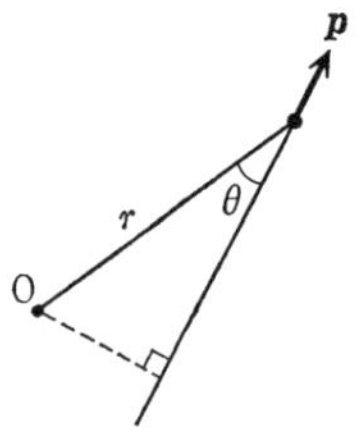

図5-1

力のモーメント　(5.2)の右辺に現われる量は**力のモーメント**とよばれる．力のモーメントは，力と，原点から力の作用線におろした垂線の長さの積に等しい．力のモーメントを N と書くと，(5.2)式は

$$\boxed{\frac{dL}{dt} = N} \tag{5.4}$$

と書かれる．すなわち，角運動量の時間変化の割合いは力のモーメントに等しい．

角運動量と力のモーメントの関係　2次元極座標を用いると角運動量は

$$L = mr^2\dot{\varphi} \tag{5.5}$$

となる．角運動量の大きさは，面積速度 $r^2\dot{\varphi}/2$ の2倍に質量を掛けたものに等しい．

例題 5.1 質量 m の質点が速さ v で x 方向に運動している．点 O から質点の軌道におろした垂直の長さを r_p とするとき，角運動量を求めよ．角運動量が 0 になるのはどんな場合か．また，角運動量が保存される運動は何か．ただし，v は 0 でないとする．

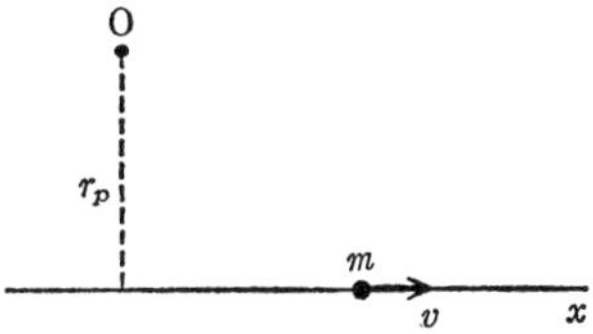

［**解**］ 質点の運動量は mv である．角運動量 L は，点 O から運動量ベクトルにおろした垂線の長さと，運動量の積に等しく

$$L = r_p m v$$

で与えられる．

角運動量 L が 0 になるのは，$v \neq 0$ に注意すると，r_p が 0 の場合である．このとき，質点の軌道は点 O を通る．

角運動量 L が時間によらず一定になり，保存されるのは，ここで考えている 1 次元運動の場合，x 方向の速度 v が時間によらず一定のときである．もし，速度 v が時間の関数であれば，角運動量は保存されない．

［**注意**］ 上に述べた簡単な例から，角運動量の意味を理解しよう．角運動量 L が 0 になる運動では質点の軌道は点 O を通る直線上にある．したがって，点 O から質点を見たとき，質点が右図(a)に示した点 P にあっても，点 Q にあっても，質点を見る角度は全く変化しない．たとえば，点 O から見て，x 軸の正方向を角度の基準にとれば，質点はつねに角度 0 の方向にある．一方，角運動量が 0 でない運動(右図(b))では，点 O から見た，質点の角度は時間とともに変化する．質点は直線運動をしているにもかかわらず，点 O から質点を見たときには質点を見る角度が変化して，質点は回転しているように見える．このように，ある点から見た質点の回転に関係する量が角運動量になる．ただし，角運動量は質点を見る角度の変化それ自身に等しくないことに注意しなければならない．たとえば，角運動量が一定になる場合でも，質点が点 O に近いときには，単位時間当りの角度の変化 φ_1 は，遠くにある場合の変化 φ_2 よりも大きい．

(a)

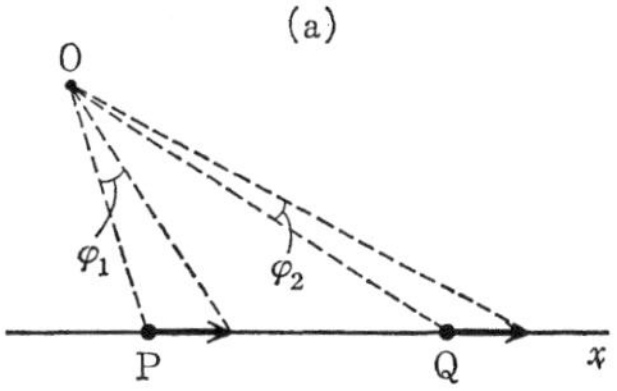

(b)

例題 5.2　右図のように，時刻 $t=0$ に点Pから質量 m の質点が重力加速度 g を受けて初速度0で自由落下を始めたとする．点Oから見た角運動量を求めよ．角運動量の時間変化の割合いが，力のモーメントに等しいとおいて，質点の力を求め，それが mg になることを示せ．

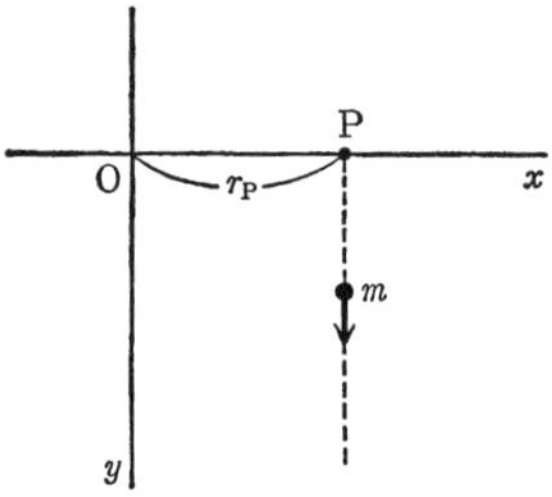

［**解**］　時刻 t における質点の速度 v は，y 方向に

$$v = gt$$

である．運動量 p は $p=mgt$ になる．したがって，角運動量 L は

$$L = r_P mgt$$

に等しい．ここで，r_P は点Oと点Pのあいだの距離を表わす．r_P, m, g は時間によらず一定であるが，時間 t が含まれているため，角運動量 L は保存されず時間とともに増大する．

角運動量が変化する運動では，力のモーメントは0にならない．角運動量の時間変化の割合いは力のモーメントに等しいので，力のモーメント N は

$$N = \frac{dL}{dt} = \frac{d}{dt}(r_P mgt)$$

$$= r_P mg$$

となる．力のモーメントは，力の大きさと，力の作用線に点Oから下ろした垂線の長さの積で与えられる．垂線の長さは r_P であるから，力の大きさは mg である．この力は，質量 m の質点が重力加速度 g によって受ける力にほかならない．

この例題は，重力加速度による自由落下という単純な問題を，角運動量と力のモーメントに関係させて考えた．1つの問題をさまざまな角度から考えることは，力学に限らず，物理学全般，さらには，自然科学を学ぶうえで大切なことである．

問題 5-1

[1] 質量 m の質点が xy 平面上で，半径 r の円運動をしている．回転の角速度 ω は一定で，質点の座標が

$$x = r\cos\omega t, \qquad y = r\sin\omega t$$

によって与えられるとき，円の中心から見た質点の角運動量を求めよ．また，角運動量は一定で，力のモーメントは 0 になることを示せ．

[2] 点Oを支点とする長さ l の振り子の角運動量を求めよ．棒の質量は無視できるものとし，棒の先端につけた質点の質量を m とせよ．

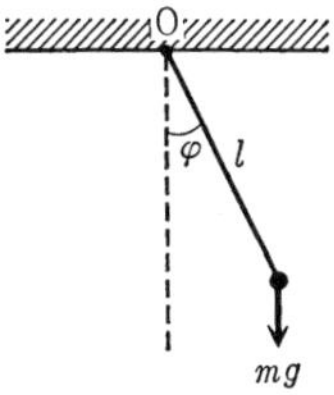

[3] 前問で求めた角運動量を時間で微分することにより，角運動量の時間変化の割合い dL/dt を求めよ．一方，前問の図をもとに，力のモーメント N を計算し，両者の大きさ dL/dt, N を等しいとおいた式を求めよ．それを振り子の運動方程式

$$\ddot{\varphi} = -\frac{g}{l}\sin\varphi$$

と比較し，2つの式の違いを述べよ．

[4] 2次元極座標 (r, φ)

$$x = r\cos\varphi, \qquad y = r\sin\varphi$$

によって，角運動量 $m(xv_y - yv_x)$ を表わすと，$mr^2\dot{\varphi}$ となることを確かめよ．この結果から角運動量は，原点から質点にひいた位置ベクトルの大きさと，そのベクトルと直交する方向に射影した速度ベクトルの大きさとの積に等しいと表現できることを示せ．

5-2　角運動量ベクトル

前節では平面上の運動を考え，角運動量と力のモーメントの大きさを求めた．この節では，これらの量がベクトルであることを示す．

角運動量ベクトル　3次元空間の質点の運動方程式

$$m\frac{dv_x}{dt} = F_x, \qquad m\frac{dv_y}{dt} = F_y, \qquad m\frac{dv_z}{dt} = F_z \tag{5.6}$$

から，前節と同様にして，角運動量(ベクトル)と力のモーメント(ベクトル)のあいだの関係式

$$\frac{d\boldsymbol{L}}{dt} = \boldsymbol{N} \tag{5.7}$$

を得る．ここで，ベクトル $\boldsymbol{L}$ と $\boldsymbol{N}$ は3成分をもった

$$\boldsymbol{L} = \begin{pmatrix} L_x \\ L_y \\ L_z \end{pmatrix}, \qquad \boldsymbol{N} = \begin{pmatrix} N_x \\ N_y \\ N_z \end{pmatrix} \tag{5.8}$$

である．

$\boldsymbol{L}$ と $\boldsymbol{N}$ の3つの成分は

$$\begin{aligned} L_x &= m(yv_z - zv_y) = yp_z - zp_y \\ L_y &= m(zv_x - xv_z) = zp_x - xp_z \\ L_z &= m(xv_y - yv_x) = xp_y - yp_x \end{aligned} \tag{5.9}$$

および

$$\begin{aligned} N_x &= yF_z - zF_y \\ N_y &= zF_x - xF_z \\ N_z &= xF_y - yF_x \end{aligned} \tag{5.10}$$

で与えられる．ただし，$p_x = mv_x$ などは運動量を表わす．

外力のモーメントが0のときは，角運動量 $\boldsymbol{L}$ は保存される．これを**角運動量保存の法則**という．

例題 5.3 平面(xy 面)の運動では，角運動量の x 成分 L_x および y 成分 L_y はともに 0 になることを示せ．

［解］ xy 面内の運動では，$z=0$ かつ $v_z=p_z=0$ である．

角運動量の x 成分 L_x は

$$L_x = yp_z - zp_y$$

であるから，$z=p_z=0$ を代入すると $L_x=0$ を得る．

角運動量の y 成分についても同様に

$$L_y = zp_x - xp_z = 0$$

となる．したがって，xy 面内の運動では $L_x=L_y=0$ であることがわかる．

同様にして，yz 面内の運動では，$L_y=L_z=0$ であり，zx 面内の運動では，$L_z=L_x=0$ であることを示すことができる．

［注意］ 角運動量が 0 でない運動では，ある点(たとえば原点)に関する質点を見る角度が変化することを例題 5.1 で注意した．xy 平面の運動の場合，ここで示したように $L_x=L_y=0$ となり，角運動量の z 成分のみが 0 でない値を持つ．これは，xy 面内で質点が回転すると，回転の方向は z 軸を向き，L_z が有限の値を持つことを示している．角運動量の z 成分が z 軸の正の方向を向くか，負の方向を向くかは，xy 面での質点の回転の向きに依存する．これは，ベクトルとしての角運動量の性質によって決まる．次節で述べるベクトル積という考え方を用いると，回転の向き，つまり，角運動量の向きを定めることができる．

上の例題とは逆に，角運動量が保存されると，質点の運動は保存される角運動量と直交する面内に限られることがいえる．角運動量の向きを z 方向にとると，$L_x=L_y=0$ であるから

$$yp_z - zp_y = 0, \qquad zp_x - xp_z = 0$$

となる．第 1 式に x を，第 2 式に y を掛けて加えれば

$$-xzp_y + yzp_x = -z(xp_y - yp_x) = 0$$

を得る．一方，角運動量の z 方向成分 $xp_y - yp_x$ は保存されて 0 ではない．したがって $z=0$ であり，質点の運動は xy 面上に限られる．

問　題 5-2

[1]　長さ $2l$ の質量の無視できる棒の中央Oを支点として，棒の両端1と2に質量 m の質点をおもりとしてつけた右図のような系を考える．もしも，端2の質点がなければ，端1の質点による力のモーメントによって質点は時計回りに回転をはじめるであろう．逆に，端1の質点がなければ，反時計回りに回転をはじめるであろう．それでは，両端に質点をつけると，棒はどちら向きに回転するであろうか．2つの質点による力のモーメントを比較して論ぜよ．ただし，支点Oの大きさは無視し，支点における摩擦はないものとする．また，棒ははじめに静止しているものとする．

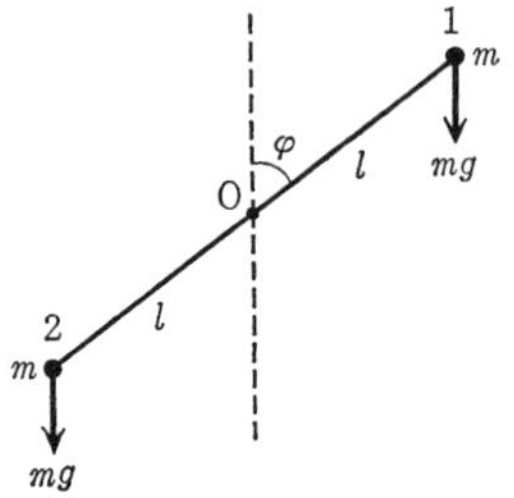

[2]　右図のようなモデルにおきかえた「やじろべえ」の安定性を考えてみよう．両端に質量 m の質点がつけられた長さ $2l$ の棒が，長さ a の支持棒によって中点Oで支えられている．棒の質量は無視でき，やじろべえは支点Oを中心に面内を自由に回転できるものとする．前問と同様にして，端1の質点によって棒を時計回りに回転させようとする力のモーメントと，端2の質点による反時計回りに回転させようとする力のモーメントを求めよ．2つの力のモーメントの大きさが等しくなり，やじろべえが安定するのは，支持棒と鉛直線のなす角度 φ がどのようなときか．ただし，$b>a$ とする．

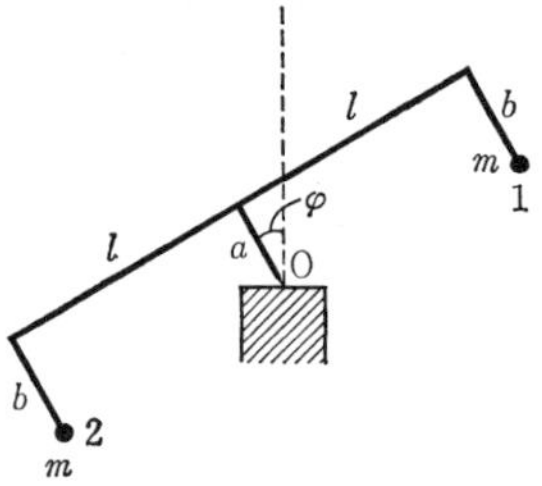

[3]　右図のように半径 a の支持棒の上に，両端に質量 m のおもりを取りつけた太さの無視できる棒をのせる．はじめに，棒を水平にして棒の中央が支持棒に接するようにおく．棒の質量を無視し，棒は支持棒の上をすべらないと仮定する．棒を水平からわずか傾けると，水平に戻そうとする力のモーメントがはたらくことを示せ．

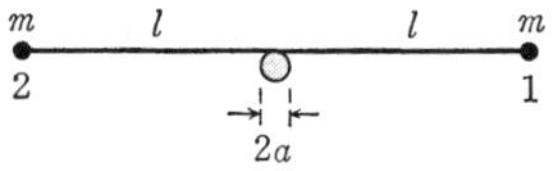

[4]　3次元の運動で，角運動量が0になるのはどのような運動か．簡単のため，$x>0$, $y>0$, $z>0$ における運動のみを考えよ．

5-3　ベクトル積

ベクトル積　2つのベクトル $\boldsymbol{A}=A_x\boldsymbol{i}+A_y\boldsymbol{j}+A_z\boldsymbol{k}$ と $\boldsymbol{B}=B_x\boldsymbol{i}+B_y\boldsymbol{j}+B_z\boldsymbol{k}$ の**ベクトル積**(あるいは**外積**)$\boldsymbol{C}=\boldsymbol{A}\times\boldsymbol{B}$ は次式で与えられる.

$$\boldsymbol{C}=\begin{vmatrix} \boldsymbol{i} & \boldsymbol{j} & \boldsymbol{k} \\ A_x & A_y & A_z \\ B_x & B_y & B_z \end{vmatrix} \tag{5.11}$$

$$=(A_yB_z-A_zB_y)\boldsymbol{i}+(A_zB_x-A_xB_z)\boldsymbol{j}+(A_xB_y-A_yB_x)\boldsymbol{k}$$

ベクトル $\boldsymbol{C}$ は $\boldsymbol{A}$ と $\boldsymbol{B}$ に垂直である. ベクトル $\boldsymbol{C}$ の向きは, ベクトル $\boldsymbol{A}$ を $\boldsymbol{B}$ に一致させる向きに右ネジを回したとき, ネジの進む向きである. $\boldsymbol{A}$ と $\boldsymbol{B}$ の面内で $\boldsymbol{A}$ から $\boldsymbol{B}$ へ測った角度を θ とすれば

$$C=AB|\sin\theta| \tag{5.12}$$

すなわち, C の大きさは $\boldsymbol{A}, \boldsymbol{B}$ のつくる平行4辺形の面積に等しい. また, $\boldsymbol{A}\times\boldsymbol{B}=-\boldsymbol{B}\times\boldsymbol{A}$ が成り立つ.

角運動量と力のモーメント　ベクトル積を使うと, 角運動量と力のモーメントは

$$\boldsymbol{L}=\boldsymbol{r}\times\boldsymbol{p}=\begin{vmatrix} \boldsymbol{i} & \boldsymbol{j} & \boldsymbol{k} \\ x & y & z \\ p_x & p_y & p_z \end{vmatrix}, \quad \boldsymbol{N}=\boldsymbol{r}\times\boldsymbol{F}=\begin{vmatrix} \boldsymbol{i} & \boldsymbol{j} & \boldsymbol{k} \\ x & y & z \\ F_x & F_y & F_z \end{vmatrix} \tag{5.13}$$

と書くことができる. これによって, $\boldsymbol{L}$ と $\boldsymbol{N}$ の大きさと同時に向きを定めることができる.

3重積　3つのベクトルからつくったスカラー積 $\boldsymbol{A}\cdot(\boldsymbol{B}\times\boldsymbol{C})$ を**スカラー3重積**, ベクトル積 $\boldsymbol{A}\times(\boldsymbol{B}\times\boldsymbol{C})$ を**ベクトル3重積**という. 3重積には次の公式が成り立つ.

$$\begin{aligned} \boldsymbol{A}\cdot(\boldsymbol{B}\times\boldsymbol{C}) &= \boldsymbol{B}\cdot(\boldsymbol{C}\times\boldsymbol{A}) = \boldsymbol{C}\cdot(\boldsymbol{A}\times\boldsymbol{B}) \\ \boldsymbol{A}\times(\boldsymbol{B}\times\boldsymbol{C}) &= (\boldsymbol{A}\cdot\boldsymbol{C})\boldsymbol{B}-(\boldsymbol{A}\cdot\boldsymbol{B})\boldsymbol{C} \end{aligned} \tag{5.14}$$

例題5.4 ともに0でない2つのベクトル $\boldsymbol{A}, \boldsymbol{B}$ について次の問に答えよ.

(i) $\boldsymbol{A}\times\boldsymbol{B}=0$ が成り立つとき，ベクトル $\boldsymbol{B}$ を $\boldsymbol{A}$ によって表わせ.

(ii) $\boldsymbol{A}\cdot(\boldsymbol{A}\times\boldsymbol{B})=0$ であることを示せ.

［解］ (i)ベクトル積の定義から，$\boldsymbol{A}\times\boldsymbol{B}$ の大きさは

$$|\boldsymbol{A}\times\boldsymbol{B}| = AB|\sin\varphi|$$

である．ここで，φ は $\boldsymbol{A}$ と $\boldsymbol{B}$ を含む面内で，$\boldsymbol{A}$ から測った $\boldsymbol{B}$ の角度である．$\boldsymbol{A}$ と $\boldsymbol{B}$ は0ではないから，$\boldsymbol{A}\times\boldsymbol{B}$ の大きさが0になるのは，$\sin\varphi=0$ のときである．したがって $\varphi=0$ または $\varphi=\pi$ を得る．これは，$\boldsymbol{B}$ が $\boldsymbol{A}$ と平行か，反平行(平行であるが向きが逆である)の場合である．したがって，c を正または負の定数とするとき，ベクトル $\boldsymbol{B}$ は

$$\boldsymbol{B} = c\boldsymbol{A}$$

と書くことができる．

(ii) スカラー3重積の公式

$$\boldsymbol{A}\cdot(\boldsymbol{B}\times\boldsymbol{C}) = \boldsymbol{B}\cdot(\boldsymbol{C}\times\boldsymbol{A})$$

において，$\boldsymbol{A}$ はそのままにして，$\boldsymbol{B}$ に $\boldsymbol{A}$ を，$\boldsymbol{C}$ に $\boldsymbol{B}$ を代入すると

$$\boldsymbol{A}\cdot(\boldsymbol{A}\times\boldsymbol{B}) = \boldsymbol{A}\cdot(\boldsymbol{B}\times\boldsymbol{A})$$

を得る．右辺に含まれる $\boldsymbol{B}\times\boldsymbol{A}$ は定義から $-\boldsymbol{A}\times\boldsymbol{B}$ に等しい．したがって，右辺は $-\boldsymbol{A}\cdot(\boldsymbol{A}\times\boldsymbol{B})$ となる．右辺を移項すると

$$2\boldsymbol{A}\cdot(\boldsymbol{A}\times\boldsymbol{B}) = 0$$

となり，$\boldsymbol{A}\cdot(\boldsymbol{A}\times\boldsymbol{B})=0$ を得る．

［注意］ 2つのベクトルが平行である，あるいは，垂直であることを示すのには

$\boldsymbol{A}\cdot\boldsymbol{B} = 0$	(垂直のとき)
$\boldsymbol{A}\times\boldsymbol{B} = 0$	(平行のとき)

を証明すればよい．上の第1式は，スカラー積の大きさが $|\boldsymbol{A}\cdot\boldsymbol{B}|=AB|\cos\varphi|$ によって与えられることを思い起こせば，明らかであろう．これらの関係はしばしば用いられ，重要である．特に，同じベクトル同士のベクトル積はつねに0である．

$$\boxed{\boldsymbol{A}\times\boldsymbol{A} = 0}$$

例題 5.5 半径 a の円周上を角速度 ω で円運動をする質量 m の質点の，円の中心に関する角運動量と力のモーメントの大きさ，および，向きを求めよ．ただし，質点は右図のように xy 平面を反時計回りに回転しているものとする．回転方向を逆にすると，どうなるか．

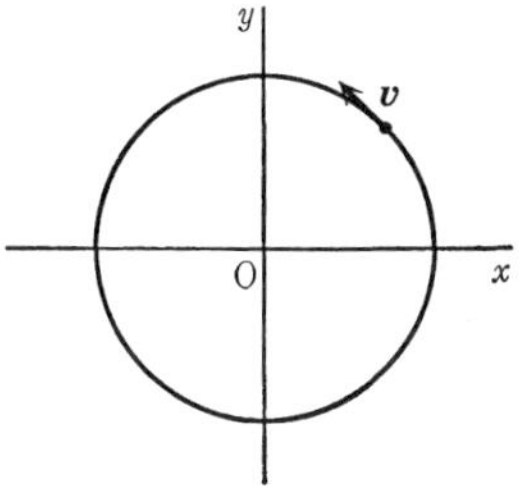

［解］ 質点の位置ベクトルを $\boldsymbol{r}$ とすると

$$\boldsymbol{r} = a\boldsymbol{e}_r$$

である．ここで，$\boldsymbol{e}_r$ は r 方向の単位ベクトルである．一方，質点の速度ベクトル $\boldsymbol{v}$ は，$\boldsymbol{e}_\varphi$ を φ 方向の単位ベクトルとすると，

$$\boldsymbol{v} = a\omega\boldsymbol{e}_\varphi$$

と書ける．したがって，角運動量 $\boldsymbol{L}$ は

$$\boldsymbol{L} = \boldsymbol{r}\times(m\boldsymbol{v}) = ma^2\omega\boldsymbol{e}_r\times\boldsymbol{e}_\varphi$$

となる．r 方向の単位ベクトル $\boldsymbol{e}_r$ と φ 方向の単位ベクトル $\boldsymbol{e}_\varphi$ のベクトル積 $\boldsymbol{e}_r\times\boldsymbol{e}_\varphi$ は，原点から質点に向かうベクトルを速度ベクトルの方向に一致させるように右ネジを回したとき，ネジの進む方向であるから，z 軸の方向を向く．また，その大きさは1である．$\boldsymbol{e}_r$ と $\boldsymbol{e}_\varphi$ は直交しているからである．したがって，角運動量の大きさは $ma^2\omega$ で，z 軸の正の方向を向いている．

円運動をする質点には，質点から原点に向かう向心力 $ma\omega^2$ がはたらく．向心力を $\boldsymbol{F}$ とすると

$$\boldsymbol{F} = ma\omega^2(-\boldsymbol{e}_r)$$

である．$\boldsymbol{e}_r$ にマイナス符号がつくのは，$\boldsymbol{e}_r$ は原点から質点に向かう方向を正にとるからである．力のモーメント $\boldsymbol{N}$ は

$$\boldsymbol{N} = (a\boldsymbol{e}_r)\times(-ma\omega^2\boldsymbol{e}_r) = -ma^2\omega^2\boldsymbol{e}_r\times\boldsymbol{e}_r = 0$$

となる．同じベクトル同士のベクトル積は0だからである．$\boldsymbol{N}=0$ であることは，角運動量が時間によらず一定であり，$d\boldsymbol{L}/dt=0$ および $d\boldsymbol{L}/dt=\boldsymbol{N}$ からも導ける．

逆向きに回転するときには，

$$\boldsymbol{v} = -a\omega\boldsymbol{e}_\varphi$$

となるから，角運動量の大きさは変わらず，向きが z 軸の負の方向を向く．力のモーメントは前と同じく0である．

問　題 5-3

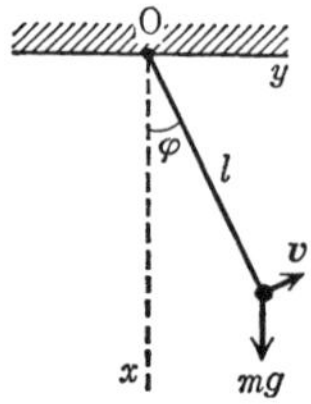

[1]　右図のような振り子の角運動量 $\boldsymbol{L}$，および，力のモーメント $\boldsymbol{N}$ を求め，それらを $d\boldsymbol{L}/dt=\boldsymbol{N}$ に代入することにより，運動方程式

$$\frac{d^2\varphi}{dt^2} = -\frac{g}{l}\sin\varphi$$

を導け．ただし，棒の質量は無視する．

[2]　5-1節で，角運動量(の大きさ)を，運動量 p と，運動量(速度)ベクトルへ原点Oからおろした垂線の長さ r_p との積 $r_p p$ であると定義した．しかし，ベクトル積の大きさ $|\boldsymbol{r}\times\boldsymbol{p}|=rp\sin\varphi$ を用いると，「角運動量の大きさは，位置 r と，運動量ベクトルから位置ベクトルにおろした垂線の長さ p_r との積 rp_r である」のように表わせる．このことを，下図を参照しながら示せ．

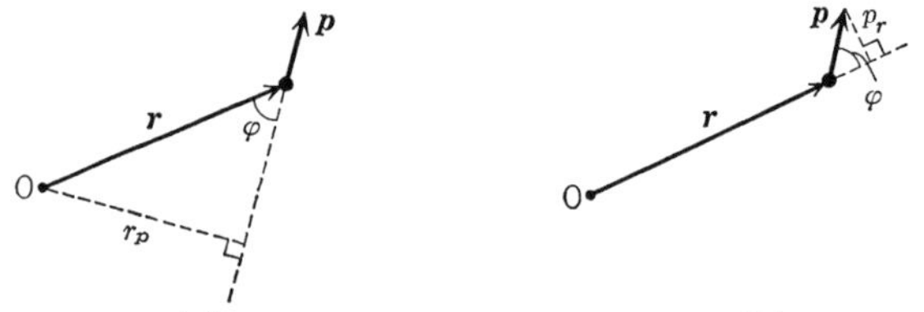

(a)　　　　　　　　(b)

[3]　中心力の場における質点の運動では，$\boldsymbol{r}\times(m\dot{\boldsymbol{r}})$ の時間微分はつねに0となることを示せ．力の大きさを $F(r)$ とせよ．

[4]　前問の結果から，中心力の場では運動は平面的であることを述べよ．

6

質点系の力学

私達の身の回りの物体は質量と同時に大きさを持っているから，その運動を記述するにはこれまでの質点としての取扱いでは不十分である．大きさのある物体の運動を考える基礎はここで学ぶ質点系の力学である．質点系の力学によって，質点の力学の意味もまた明らかになるであろう．

6-1 運動量保存の法則

質点系 相互作用する複数の質点の集まりを**質点系**という．質点系に作用する力としては，質点系の外から作用する力(**外力**)と，質点系内の質点間で相互作用する力(**内力**)とがある．

運動量保存の法則 N 個の質点からなる系を考え，質点に番号 $1, 2, \cdots, N$ をつける．j 番目の質点の運動量を $\boldsymbol{p}_j$ とし，この質点にはたらく外力を $\boldsymbol{F}_j$ とする．また，質点 k が質点 j に及ぼす力を $\boldsymbol{F}_{kj}$ とする．質点 j に対する運動方程式は

$$\frac{d\boldsymbol{p}_j}{dt} = \boldsymbol{F}_j + \sum_{k(\neq j)} \boldsymbol{F}_{kj} \tag{6.1}$$

となる．(6.1)に対して $j=1$ から N まで和をとり，作用・反作用の法則 $\boldsymbol{F}_{kj} = -\boldsymbol{F}_{jk}\ (j, k=1, 2, \cdots, N)$，および，$\boldsymbol{F}_{jj}=0\ (j=1, 2, \cdots, N)$ を用いると

$$\frac{d\boldsymbol{P}}{dt} = \sum_{j=1}^{N} \boldsymbol{F}_j, \qquad \boldsymbol{P} = \sum_{j=1}^{N} \boldsymbol{p}_j \tag{6.2}$$

を得る．$\boldsymbol{P}$ は全運動量を表わす．したがって

> 質点系の全運動量の時間変化は外力の和に等しい．外力がなく，内力だけの場合，全運動量は保存される．

これは質点系に対する運動量保存の法則である．

質量中心(重心) j 番目の質点の質量を m_j とし，その位置を $\boldsymbol{r}_j$ とすると，質量中心(重心)は

$$\boldsymbol{r}_{\mathrm{G}} = \frac{\sum_{j=1}^{N} m_j \boldsymbol{r}_j}{M}, \qquad M = \sum_{j=1}^{N} m_j \tag{6.3}$$

によって定義される．これを用いると(6.2)は

$$M\frac{d^2\boldsymbol{r}_{\mathrm{G}}}{dt^2} = \sum_{j=1}^{N} \boldsymbol{F}_j \tag{6.4}$$

となる．

例題 6.1 質量 m_1, m_2 の質点が，それぞれ速度 v_1, v_2 で同一直線上を等速運動をしている．2つの質点が衝突して一体となったとする．衝突後の速度を求めよ．また，衝突後の運動エネルギーを衝突前のエネルギーと比較せよ．衝突前に，質点1は質点2の左側を運動しているものとする．

［解］ まず，2つの質点が同じ向きに運動する場合を考える．衝突前の運動量 P は

$$P = m_1v_1 + m_2v_2$$

である．衝突して両者が一体になったとき，速度が v になったとすると，衝突後の運動量 P' は

$$P' = (m_1 + m_2)v$$

と書ける．衝突しても運動量は変わらず，$P = P'$ であるから

$$v = \frac{m_1v_1 + m_2v_2}{m_1 + m_2}$$

を得る．衝突前と衝突後の運動エネルギー E と E' は

$$E = \frac{1}{2}m_1{v_1}^2 + \frac{1}{2}m_2{v_2}^2$$

$$E' = \frac{1}{2}\frac{(m_1v_1 + m_2v_2)^2}{m_1 + m_2}$$

である．両者の差 $E - E'$ を作ると

$$E - E' = \frac{1}{2}\frac{m_1m_2}{m_1 + m_2}(v_1 - v_2)^2 \geqq 0$$

となり，衝突によって運動エネルギーは減少することがわかる．$v_1 = v_2$ のとき，2つの質点は衝突しないことに注意しよう．

2つの質点が逆向きに運動し，正面衝突をする場合には，$v_2 < 0$ であるので，正の量 ${v_2}'$ を導入し，${v_2}' = -v_2$ とおく．このとき

$$P = m_1v_1 - m_2{v_2}', \qquad P' = (m_1 + m_2)v$$

となるから

$$v = \frac{m_1v_1 - m_2{v_2}'}{m_1 + m_2} \tag{1}$$

を得る．$v_1 > (m_2/m_1){v_2}'$ のとき，衝突後右向きに運動し，逆のとき左向きに運動する．運動エネルギーは

$$E - E' = \frac{1}{2}\frac{m_1m_2}{m_1 + m_2}(v_1 + {v_2}')^2 > 0$$

だけ減少する．

例題 6.2 ロケットは後方にガスを高速で噴射して推力を得る．時刻 t におけるロケットの速度を v とし，その質量を m とする．時間 dt のあいだに質量 $-dm\,(dm<0)$ のガスをロケットに対して u の速度で後方に噴出し，ロケットの速度が dv だけ増加したとする．ロケットの速度が，噴出ガスの速度 u と等しくなるとき，ロケットの質量はいくらか．また，それまでにどれほどの時間がかかるか．ただし，重力などの外力は無視し，$t=0$ におけるロケットの質量を m_0，速度を 0 とする．

［**解**］ 運動量保存の法則を用いる．時刻 t における運動量は mv である．$t+\Delta t$ では，ロケットの運動量は $(m+dm)(v+dv)$，ガスの運動量は $-dm(v-u)$ であるから，系全体では $(m+dm)(v+dv)-dm(v-u)$ の運動量を持つ．これを mv と等しいとおいて

$$mv = (m+dm)(v+dv)-dm(v-u)$$

を得る．右辺第 1 項を展開すると，微小量の積 $dm\cdot dv$ が現われるが，それは高次の微小量であるから無視する．整理をして，全体を mu で割ると

$$\frac{dv}{u}+\frac{dm}{m} = 0$$

となる．積分を実行し，$t=0$ で $v=0$，$m=m_0$ とすると

$$\frac{v}{u} = \log\frac{m_0}{m} \tag{1}$$

を得る．$v=u$ のとき，$m\fallingdotseq m_0/2.718\fallingdotseq 0.368m_0$ である．したがって，はじめの質量の 0.632 倍だけのガスを後方に噴出したことになる．

ロケットが加速され，速度が u まで上昇する時間 T は

$$T = \frac{0.632m_0}{dm/dt}$$

に等しい．単位時間に dm/dt だけ質量が減少するからである．

［**注意**］ (1)式を噴出したガスの質量 $m'=m_0-m$ を用いて書くと

$$\frac{v}{u} = \log\frac{m_0}{m_0-m'}$$

となる．v/u を m'/m_0 に対して図示すると右図を得る．m' が大きくなるに従い，v/u は急速に増大する．この理由を考えてみよ．

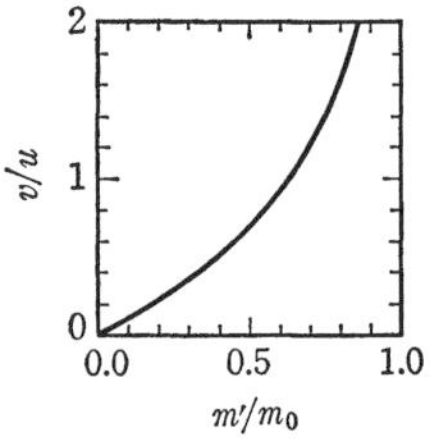

問　題 6-1

[1] 摩擦の全くない平面の上にいる人が，動き出すにはどうすればよいか．

[2] 前問と同じ状況のもとで，キャッチボールをすると，どうなるか．

[3] 例題6.1で，正面衝突をした2つの質点が一体になったあと静止する条件を求めよ．

[4] 質量の等しい3つの質点1, 2, 3が，xy 平面上の3点 $(2, 0)$, $(-2, 0)$, $(0, 3)$ から速度1で，それぞれ x 方向，$-x$ 方向，y 方向に動き出したとする．質量中心(重心)の座標を求めよ．

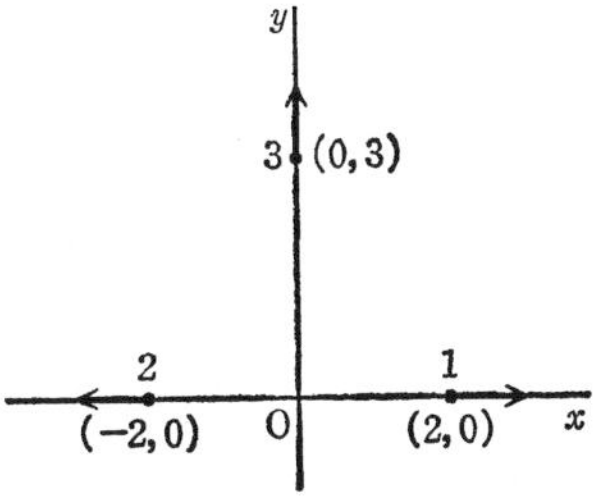

6-2 2体問題

重心の運動 2個の質点からなる質点系の運動を調べる問題を**2体問題**という．中心力を及ぼし合いながら運動する2個の質点を考える．2個の質点の位置を $\boldsymbol{r}_1, \boldsymbol{r}_2$，その間の距離を $r=|\boldsymbol{r}_2-\boldsymbol{r}_1|$，中心力の大きさを $f(r)$ とし，質量を m_1, m_2 とする．質点の運動方程式は

$$m_1\frac{d^2\boldsymbol{r}_1}{dt^2}=f(r)\frac{\boldsymbol{r}_1-\boldsymbol{r}_2}{r}, \qquad m_2\frac{d^2\boldsymbol{r}_2}{dt^2}=f(r)\frac{\boldsymbol{r}_2-\boldsymbol{r}_1}{r} \tag{6.5}$$

と書ける．両辺を加え，重心の座標 $\boldsymbol{r}_\mathrm{G}=(m_1\boldsymbol{r}_1+m_2\boldsymbol{r}_2)/(m_1+m_2)$ を導入すると

$$\frac{d^2\boldsymbol{r}_\mathrm{G}}{dt^2}=0$$

を得る．したがって，重心は等速度運動をする．

換算質量 2つの質点の相対的な運動を調べるため，**相対座標**を $\boldsymbol{r}=\boldsymbol{r}_2-\boldsymbol{r}_1$ と書くと，(6.5)は

$$\boxed{\mu\frac{d^2\boldsymbol{r}}{dt^2}=f(r)\frac{\boldsymbol{r}}{r}} \tag{6.6}$$

となる．ここで，μ は**換算質量**とよばれ，

$$\frac{1}{\mu}=\frac{1}{m_1}+\frac{1}{m_2} \quad \text{あるいは} \quad \mu=\frac{m_1m_2}{m_1+m_2} \tag{6.7}$$

によって与えられる．(6.6)は質量 m_1 の質点を固定すると，質量 m_2 の運動は質量が μ になったと考えたときの運動に等しいことを示している．相対座標を用いることにより，2体問題は1体問題に変換できるのである．

(6.6)が相対座標 $\boldsymbol{r}$ について解けたとすると，座標 $\boldsymbol{r}_1, \boldsymbol{r}_2$ は次式によって表わされる．

$$\boldsymbol{r}_1=\boldsymbol{r}_\mathrm{G}-\frac{m_2}{m_1+m_2}\boldsymbol{r}, \qquad \boldsymbol{r}_2=\boldsymbol{r}_\mathrm{G}+\frac{m_1}{m_1+m_2}\boldsymbol{r} \tag{6.8}$$

$\boldsymbol{r}_\mathrm{G}$ は重心の座標である．

例題 6.3　2つの恒星P(質量 m_1)とQ(質量 m_2)の重心に対する運動を考える．重心Gを原点にとって，Pの座標を $\boldsymbol{r}_1$，Qの座標を $\boldsymbol{r}_2$ とする．相対座標 $\boldsymbol{r}=\boldsymbol{r}_2-\boldsymbol{r}_1$ を使うと，万有引力 $f(r)$ は

$$f(r) = -G\frac{m_1 m_2}{r^2}$$

と書ける．Pの運動方程式を $\boldsymbol{r}_1$ を用いて，Qの運動方程式を $\boldsymbol{r}_2$ を用いて表わせ．$m_1 \gg m_2$ のとき，PとQの運動方程式はどうなるか．

［解］　重心Gを原点にとっているから

$$m_1\boldsymbol{r}_1+m_2\boldsymbol{r}_2 = 0$$

が成り立つ．これを $\boldsymbol{r}_1$ または $\boldsymbol{r}_2$ について解いて

$$\boldsymbol{r}_1 = -\frac{m_2}{m_1}\boldsymbol{r}_2, \qquad \boldsymbol{r}_2 = -\frac{m_1}{m_2}\boldsymbol{r}_1 \tag{1}$$

を得る．したがって，相対的な座標 $\boldsymbol{r}=\boldsymbol{r}_2-\boldsymbol{r}_1$ は $\boldsymbol{r}_1$ または $\boldsymbol{r}_2$ を用い

$$\boldsymbol{r} = -\frac{m_1+m_2}{m_2}\boldsymbol{r}_1 = \frac{m_1+m_2}{m_1}\boldsymbol{r}_2$$

と書ける．これより，PとQの間の距離 $r=|\boldsymbol{r}|$ は

$$r = \frac{m_1+m_2}{m_2}r_1 = \frac{m_1+m_2}{m_1}r_2$$

と表わすことができる．

重心からPに向かう単位ベクトル $\boldsymbol{r}_1/r_1$ を使って書いたPの運動方程式は

$$m_1\frac{d^2\boldsymbol{r}_1}{dt^2} = f(r)\frac{\boldsymbol{r}_1}{r_1} = f\left(\frac{m_1+m_2}{m_2}r_1\right)\frac{\boldsymbol{r}_1}{r_1} = -G\frac{m_1 m_2^3}{(m_1+m_2)^2}\frac{\boldsymbol{r}_1}{r_1^3}$$

となる．同様にして，Qの運動方程式は

$$m_2\frac{d^2\boldsymbol{r}_2}{dt^2} = f(r)\frac{\boldsymbol{r}_2}{r_2} = -G\frac{m_1^3 m_2}{(m_1+m_2)^2}\frac{\boldsymbol{r}_2}{r_2^3} \tag{2}$$

と求められる．

$m_1 \gg m_2$ とすると(1)の第1式より

$$\boldsymbol{r}_1 \cong 0$$

が，(2)よりQの運動方程式が得られる．

$$m_2\frac{d^2\boldsymbol{r}_2}{dt^2} = -Gm_1m_2\frac{\boldsymbol{r}_2}{r_2^3}$$

このとき，Pは重心で静止し，Qは万有引力を受けて運動する．$\boldsymbol{r}_1 \cong 0$ のとき，$\boldsymbol{r}_2$ は相対的な位置ベクトル $\boldsymbol{r}$ に等しく，上式は $\boldsymbol{r}$ の方程式にほかならない．

例題 6.4 質量 m_1, m_2 の 2 個の質点 P と Q が，バネで結ばれている系を考える(右図)．両端の質点の変位を x_1, x_2 とし，バネの力はフックの法則に従うとする．重心系における運動方程式を求め，質点の変位を時間の関数として示せ．ただし，バネの力の定数を $k\,(k>0)$ とせよ．

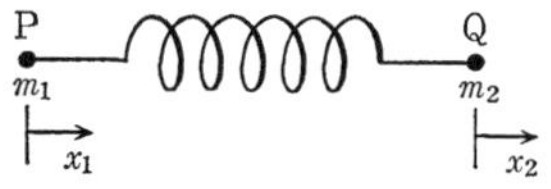

［**解**］ 図のように変位 x_1, x_2 をとると，バネの伸びは x_2-x_1 となり，運動方程式は

$$m_1\frac{d^2x_1}{dt^2} = k(x_2-x_1) \tag{1}$$

$$m_2\frac{d^2x_2}{dt^2} = -k(x_2-x_1) \tag{2}$$

と書ける．たとえば，$x_2-x_1>0$ のとき，バネは伸びるため，P は右向きの力を受け，Q は左向きの力を受けるからである．

重心系では

$$m_1x_1+m_2x_2 = 0$$

が成り立つ．この関係を用いて，バネの伸び $x=x_2-x_1$ を書き改め，x_1, x_2 について解くと

$$x_1 = -\frac{m_2}{m_1+m_2}x \quad \text{または} \quad x_2 = \frac{m_1}{m_1+m_2}x \tag{3}$$

が得られる．この第 1 式を(1)に，第 2 式を(2)に代入すると，両者ともに同一の運動方程式

$$\mu\frac{d^2x}{dt^2} = -kx$$

に帰着する．μ は換算質量．この解は，A, δ を任意の定数として

$$x = A\cos\left(\sqrt{\frac{k}{\mu}}t+\delta\right)$$

と書ける．解 x を(3)に代入すると変位 x_1, x_2 が得られる．

$$x_1 = -\frac{m_2}{m_1+m_2}A\cos\left(\sqrt{\frac{k}{\mu}}t+\delta\right)$$

$$x_2 = \frac{m_1}{m_1+m_2}A\cos\left(\sqrt{\frac{k}{\mu}}t+\delta\right)$$

x_1 と x_2 の符号は逆であるから，P と Q の振動の位相は π(180°) だけずれる．また，質量の大きい質点の振幅は小さい方の振幅より小さい．

問　題 6-2

[1]　相互作用する2つの質点の重心系における運動エネルギーを，質点を結ぶ位置ベクトルと換算質量を用いて表わせ．

[2]　2個の質点の相対的な座標 $\boldsymbol{r}=\boldsymbol{r}_2-\boldsymbol{r}_1$ を用いることにより，2体問題は1個の質点の問題に変換することができ，座標 $\boldsymbol{r}$ についての解が得られれば，解 $\boldsymbol{r}_1, \boldsymbol{r}_2$ は(6.8)式によって与えられることを確かめよ．ところで，相対的な座標を $\boldsymbol{r}=\boldsymbol{r}_1-\boldsymbol{r}_2$ とすると，$\boldsymbol{r}_1$ と $\boldsymbol{r}_2$ は $\boldsymbol{r}$ と重心座標 $\boldsymbol{r}_{\mathrm{G}}$ によってどのように表わされるか．

[3]　前章まで，物体を質点に近似して，その運動を考えてきた．現実の物体は有限の大きさがあるから，質点ではない．それでは，質点の力学は意味のないものなのだろうか．

[4]　例題6.4において，バネの両端につけられた質点の運動方程式は

$$m_1\frac{d^2x_1}{dt^2} = k(x_2-x_1) \tag{1}$$

$$m_2\frac{d^2x_2}{dt^2} = -k(x_2-x_1) \tag{2}$$

によって与えられた．これらの方程式では，x_1 の時間変化の式に x_2 が入り，x_2 の式に x_1 が入っているため，それぞれ単独に解くことはできない．そこで，(1)と(2)にそれぞれ適当な定数を掛けて，両者の和(あるいは差)を作り，

$$\ddot{Q} = -\alpha Q \tag{3}$$

の形にできれば，単振動の方程式になるから解くことができるはずである．ここで，Q は x_1 と x_2 の適当な線形結合である．Q の具体的な形を求め，それが例題6.4の結果と定数因子を除いて一致することを示せ．

6-3　運動エネルギー

質点系の運動エネルギー　N 個の質点からなる系を考える．j 番目の質点の位置を $\boldsymbol{r}_j$，重心の位置を $\boldsymbol{r}_G$ とする．重心からみた j 番目の質点の位置を $\boldsymbol{r}_j'$ とすると，

$$\boldsymbol{r}_j = \boldsymbol{r}_G + \boldsymbol{r}_j' \qquad (j=1, 2, \cdots, N) \tag{6.9}$$

である．全系の質量を $M=\sum_{j=1}^{N} m_j$ とすると，重心の定義により

$$\begin{aligned} M\boldsymbol{r}_G &= \sum_{j=1}^{N} m_j \boldsymbol{r}_j = \sum_{j=1}^{N} m_j(\boldsymbol{r}_G + \boldsymbol{r}_j') \\ &= M\boldsymbol{r}_G + \sum_{j=1}^{N} m_j \boldsymbol{r}_j' \end{aligned} \tag{6.10}$$

ゆえに，

$$\sum_{j=1}^{N} m_j \boldsymbol{r}_j' = 0 \quad \text{および} \quad \sum_{j=1}^{N} m_j \frac{d\boldsymbol{r}_j'}{dt} = 0 \tag{6.11}$$

が得られる．質点系の全運動エネルギー K

$$\begin{aligned} K &= \frac{1}{2}\sum_{j=1}^{N} m_j \left(\frac{d\boldsymbol{r}_j}{dt}\right)^2 \\ &= \frac{1}{2}\sum_{j=1}^{N} m_j \left\{\left(\frac{d\boldsymbol{r}_G}{dt} + \frac{d\boldsymbol{r}_j'}{dt}\right)^2\right\} \\ &= \frac{1}{2}M\left(\frac{d\boldsymbol{r}_G}{dt}\right)^2 + \frac{d\boldsymbol{r}_G}{dt}\sum_{j=1}^{N} m_j \frac{d\boldsymbol{r}_j'}{dt} + \frac{1}{2}\sum_{j=1}^{N} m_j \left(\frac{d\boldsymbol{r}_j'}{dt}\right)^2 \end{aligned}$$

において，第 2 項は(6.11)により 0 となる．したがって，最後の式の第 1 項を K_G，第 3 項を K' と書くと，

$$K = K_G + K' \tag{6.12}$$

を得る．K_G は重心に全質量が集まって運動するときの運動エネルギー(重心運動のエネルギー)であり，K' は重心に相対的な運動のエネルギーである．つまり，質点系の全運動エネルギーは重心の運動エネルギーと，重心に相対的な運動エネルギーの和に等しい．

例題 6.5 問題 6-1 の問[4]において，質点の質量を m として，重心に相対的な運動エネルギーを求めよ．

[解] 質点の座標 $(x_j, y_j)(j=1, 2, 3)$ は

$$x_1 = 2+t, \qquad y_1 = 0$$
$$x_2 = -2-t, \qquad y_2 = 0$$
$$x_3 = 0, \qquad y_3 = 3+t$$

であるから，各質点の速度の x 成分，y 成分は

$$\dot{x}_1 = 1, \qquad \dot{y}_1 = 0$$
$$\dot{x}_2 = -1, \qquad \dot{y}_2 = 0$$
$$\dot{x}_3 = 0, \qquad \dot{y}_3 = 1$$

と計算できる．したがって，系の全運動エネルギー K は

$$K = \frac{1}{2}m(1^2+1^2+1^2) = \frac{3}{2}m$$

となる．

一方，重心の座標 (x_G, y_G) は問題 6-1 問[4]の結果から

$$x_G = 0, \qquad y_G = 1+\frac{t}{3}$$

によって与えられ，重心の速度は

$$\dot{x}_G = 0, \qquad \dot{y}_G = \frac{1}{3}$$

となる．ゆえに，重心の運動エネルギー K_G として

$$K_G = \frac{1}{2}(3m)\left(\frac{1}{3}\right)^2 = \frac{m}{6}$$

が得られる．重心に相対的な運動エネルギー K' は

$$K' = K-K_G = \frac{4}{3}m$$

となる．

例題 6.6　質点系の重心からみた j 番目の質点の位置を $\boldsymbol{r}_j'$ とすると

$$\sum_{j=1}^{N} m_j \boldsymbol{r}_j' = 0 \tag{1}$$

が成り立つ．さらに，これを時間で微分すると

$$\sum_{j=1}^{N} m_j \frac{d\boldsymbol{r}_j'}{dt} = 0 \tag{2}$$

も成立する．これら 2 つの式の意味を，重心を含む面(たとえば xy 平面)の中で運動する質量 m_1 と m_2 の 2 個の質点 P と Q について考えよ．簡単のため，次の 2 種類の運動について述べよ．

(i)　x 軸上を速度を変えず互いに遠ざかる場合．

(ii)　xy 平面内を角速度 ω で回転する場合．

［解］　(i)　質点 P と Q の x 軸上の位置を x_1, x_2 とすると，(1)と(2)は

$$m_1x_1+m_2x_2 = 0, \qquad m_1\dot{x}_1+m_2\dot{x}_2 = 0$$

と書ける．はじめの式から $x_2=-m_1x_1/m_2$ が，第 2 式から $\dot{x}_2=-m_1\dot{x}_1/m_2$ が得られる．2 個の質点は x 軸上で原点をはさみ互いに反対側を運動し，質量の大きい質点は質量の小さい質点よりも原点に近い．また，速度の式から，2 個の質点は互いに反対方向に進み，大きい質量の質点の速度は，小さい質量の質点より小さいこともわかる．

(ii)　質点 P と Q の座標をそれぞれ (x_1, y_1), (x_2, y_2) とすると，(1)から

$$m_1x_1+m_2x_2 = 0, \qquad m_1y_1+m_2y_2 = 0 \tag{3}$$

(2)から

$$m_1\dot{x}_1+m_2\dot{x}_2 = 0, \qquad m_1\dot{y}_1+m_2\dot{y}_2 = 0 \tag{4}$$

が得られる．円運動の半径を質点 P と Q について a_1, a_2 とすると，θ_1 と θ_2 を定数として

$$x_1 = a_1\cos(\omega t+\theta_1), \qquad y_1 = a_1\sin(\omega t+\theta_1)$$
$$x_2 = a_2\cos(\omega t+\theta_2), \qquad y_2 = a_2\sin(\omega t+\theta_2)$$

であるから，これらを(3)または(4)に代入して

$$m_1a_1\cos(\omega t+\theta_1)+m_2a_2\cos(\omega t+\theta_2) = 0$$
$$m_1a_1\sin(\omega t+\theta_1)+m_2a_2\sin(\omega t+\theta_2) = 0$$

が満たされなければならない．これは

$$\frac{a_2}{a_1} = \frac{m_1}{m_2}, \qquad (\theta_2=\theta_1+\pi \quad \text{または} \quad \theta_2=\theta_1-\pi)$$

のとき成立する．したがって，2 個の質点は原点をはさんで，互いに反対側を運動し，半径の比は質量比の逆数に等しい．

問 題 6-3

[1] 質量(m)の等しい3個の質点の座標(x_j, y_j) $(j=1, 2, 3)$および，この系の重心の座標(x_G, y_G)が

$$\begin{aligned} x_1 &= 2+t, & y_1 &= 0 \\ x_2 &= -2-t, & y_2 &= 0 \\ x_3 &= 0, & y_3 &= 3+t \\ x_G &= 0, & y_G &= 1+\frac{t}{3} \end{aligned}$$

によって与えられるとき，重心に相対的な運動エネルギーK'は$4m/3$に等しいことを例題6.5で示した．例題6.5では，系の全運動エネルギーKと重心の運動エネルギーK_Gの差から運動エネルギーK'を求めた．重心に対する各質点の速度から，重心に相対的な運動エネルギーを計算し，それがすでに得られた値$K'=4m/3$と一致することを示せ．

[2] 質点系の全運動エネルギーKは，重心の運動エネルギーK_Gと重心に相対的な運動エネルギーK'との和に等しいことを，2個の質点PとQのxy面内の平面運動について確かめよ．PとQの質量をm_1, m_2，原点からみた座標$\boldsymbol{r}_1, \boldsymbol{r}_2$を

$$\boldsymbol{r}_1 = (x_1, y_1), \qquad \boldsymbol{r}_2 = (x_2, y_2)$$

とせよ．

[3] 質量m_1とm_2の2個の質点PとQが速度v_1, v_2でx軸上を運動している．これらの質点を速度vでx軸上を動く座標から観測すると，速度はv_1-v，v_2-vにみえる．このことは，系の運動エネルギーが観測する座標に依存することを示している．運動エネルギーを最小にする座標は，静止座標に対して重心の速度

$$v_G = \frac{m_1 v_1 + m_2 v_2}{m_1 + m_2}$$

で動く座標になることを示し，その座標における全運動エネルギーK'は

$$K' = \frac{1}{2}\mu(v_1-v_2)^2$$

に等しいことを示せ．ここで，μは換算質量を表わす．

[4] 前問で得た運動エネルギーK'は，重心に相対的な運動エネルギーに一致することを示せ．

6-4 角運動量

質点系の角運動量 質点系の運動方程式

$$\frac{d\boldsymbol{p}_j}{dt} = \boldsymbol{F}_j + \sum_{k=1}^{N} \boldsymbol{F}_{kj} \qquad (j=1, 2, \cdots, N)$$

に左から $\boldsymbol{r}_j$ をベクトル的に掛け，j について加える．作用・反作用の法則 $\boldsymbol{F}_{kj} = -\boldsymbol{F}_{jk}$ および平行な2つのベクトルのベクトル積が0である性質を用いると，

$$\frac{d\boldsymbol{L}}{dt} = \boldsymbol{N} \tag{6.13}$$

が得られる．ここで，$\boldsymbol{L}$ は全系の角運動量，$\boldsymbol{N}$ は外力のモーメントであり，それぞれ次式で与えられる．

$$\boldsymbol{L} = \sum_{j=1}^{N} \boldsymbol{r}_j \times \boldsymbol{p}_j, \qquad \boldsymbol{N} = \sum_{j=1}^{N} \boldsymbol{r}_j \times \boldsymbol{F}_j \tag{6.14}$$

(6.13)は「質点系の角運動量の時間変化の割合いは外力のモーメントに等しい」ことを述べた重要な法則である．

重心のまわりの回転と重心運動の分離 全質量が重心に集中したと仮想したときに重心が原点のまわりにもつ角運動量を $\boldsymbol{L}_{\mathrm{G}}$，力がすべて重心に集まったと仮想したときの原点のまわりの外力のモーメントを $\boldsymbol{N}_{\mathrm{G}}$ とすると，

$$\frac{d\boldsymbol{L}_{\mathrm{G}}}{dt} = \boldsymbol{N}_{\mathrm{G}} \tag{6.15}$$

が成り立つ．また，重心のまわりの角運動量を $\boldsymbol{L}'$，重心のまわりの外力のモーメントを $\boldsymbol{N}'$ とすれば

$$\frac{d\boldsymbol{L}'}{dt} = \boldsymbol{N}' \tag{6.16}$$

である．つまり，重心の運動と重心のまわりの回転を分離することができる．(6.15)と(6.16)の和を作り，

$$\boldsymbol{L} = \boldsymbol{L}_{\mathrm{G}} + \boldsymbol{L}', \qquad \boldsymbol{N} = \boldsymbol{N}_{\mathrm{G}} + \boldsymbol{N}'$$

に注意すると(6.13)が得られる．

例題 6.7 両端に質量 m の質点PとQを取りつけた長さ $2l$ の質量の無視できる棒が図1のように一端を中心にして回転している．質点Pのまわりの角運動量 $\boldsymbol{L}$ を求めよ．さらに，この回転運動をPのまわりの重心Gの運動と，重心Gのまわりの棒の運動に分離し，重心の運動による角運動量 $\boldsymbol{L}_G$ および重心のまわりの運動による角運動量 $\boldsymbol{L}'$ を求めよ．このとき，$\boldsymbol{L}=\boldsymbol{L}_G+\boldsymbol{L}'$ が成り立つことを示せ．回転軸を z 軸にとり，棒は xy 面内で回転するものとせよ．

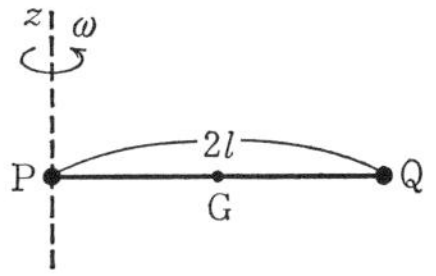

図1

［解］ 長さ $2l$ の棒が角速度 ω で回転しているから，質点Qの円運動の速さは $2l\omega$，運動量は $2ml\omega$ である．したがって，角運動量 $\boldsymbol{L}$ は

$$\boldsymbol{L} = 2l\times(2ml\omega)\boldsymbol{k} = 4ml^2\omega\boldsymbol{k}$$

になる．ここで，$\boldsymbol{k}$ は z 軸方向の単位ベクトルである．

次に，質点Pのまわりの棒の運動を，質点Pのまわりの重心Gの運動と，重心Gのまわりの棒の運動とに分ける．図2(a)のように，棒が反時計まわりに $\pi/2(90°)$ だけ回転した状態を考える．これは，重心Gが $\pi/2$ だけ回転してG′まで移動する運動と，棒が重心のまわりに反時計まわりに $\pi/2$ だけ回転する運動の重ね合わせとしてみることができる(図2(b))．前者の運動によって，棒は P_1Q_1 の位置に移り，後者の運動を重ねると PQ_2 に棒が移動するからである．重心の移動も，棒の重心のまわりの回転も，ともに角速度は ω である．したがって，

$$\boldsymbol{L}_G = l\times 2ml\omega\boldsymbol{k}, \qquad \boldsymbol{L}' = 2\times l\times ml\omega\boldsymbol{k}$$

となり，$\boldsymbol{L}=\boldsymbol{L}_G+\boldsymbol{L}'$ が成り立つ．

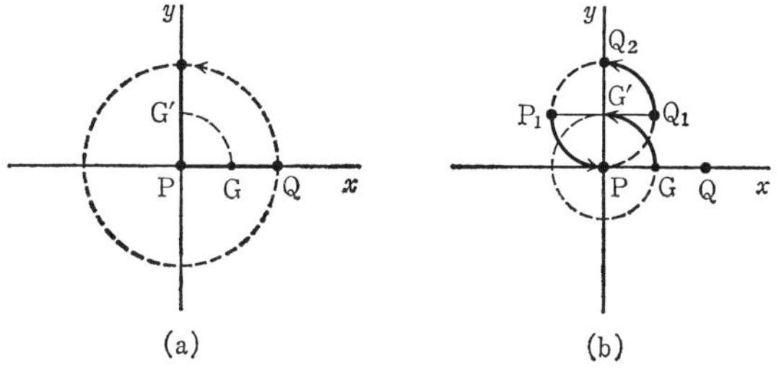

図2

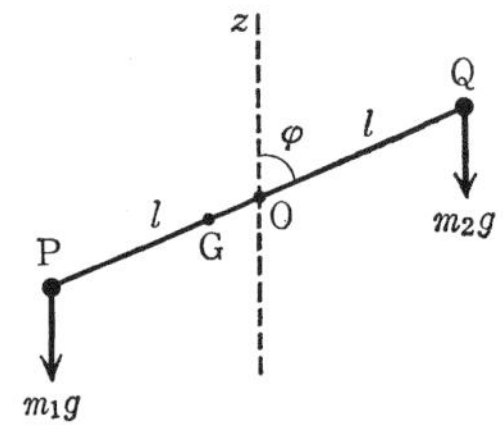

例題 6.8 両端に質点PとQが取り付けられた長さ $2l$ の重さの無視できる棒の中央Oのまわりの力のモーメント $\boldsymbol{N}$ を求めよ．ただし，質点PとQの質量を m_1 と m_2，重力加速度を g とせよ．力がすべて重心に集まったと想定したときの，点Oのまわりの外力のモーメント $\boldsymbol{N}_{\mathrm{G}}$，および，重心のまわりの外力のモーメント $\boldsymbol{N}'$ を計算し，$\boldsymbol{N}=\boldsymbol{N}_{\mathrm{G}}+\boldsymbol{N}'$ が成り立つことを示せ．鉛直線を z 軸にとり，棒は xz 面内にあるものとせよ．また，鉛直線と棒のなす角を φ とせよ．

［**解**］ 質点Pによる点Oのまわりの力のモーメントは大きさが $lm_1g\sin\varphi$，向きが紙面に垂直上向きである．質点Qによる力のモーメントは大きさが $lm_2g\sin\varphi$ で，紙面に垂直下向きを向く．したがって，紙面に垂直下向きの単位ベクトルを $\boldsymbol{j}$ と書くと，外力による点Oのまわりの力のモーメントは

$$\boldsymbol{N} = (m_2-m_1)lg\sin\varphi\cdot\boldsymbol{j}$$

となる．

重心の位置が棒の中央から a だけ質点Pの側にあるとすると

$$m_1(l-a) = m_2(l+a)$$

が成り立つから

$$a = \frac{m_1-m_2}{m_1+m_2}l$$

が得られる．重心に質量 m_1+m_2 が集中したと想定したとき，外力によるモーメント $\boldsymbol{N}_{\mathrm{G}}$ は，したがって

$$\begin{aligned}\boldsymbol{N}_{\mathrm{G}} &= a\sin\varphi\cdot(m_1+m_2)g(-\boldsymbol{j})\\ &= (m_2-m_1)lg\sin\varphi\cdot\boldsymbol{j}\end{aligned}$$

となる．重心のまわりの外力のモーメント $\boldsymbol{N}'$ は

$$\begin{aligned}\boldsymbol{N}' &= (l-a)\sin\varphi\cdot m_1g(-\boldsymbol{j})+(l+a)\sin\varphi\cdot m_2g\cdot\boldsymbol{j}\\ &= 0\end{aligned}$$

であるから，結局，$\boldsymbol{N}=\boldsymbol{N}_{\mathrm{G}}+\boldsymbol{N}'$ が成立する．

問　題 6-4

[1]　質量 M, 半径 l の薄い円板に対して，中心Oのまわりの外力(重力)のモーメントを計算せよ．重力加速度を g とせよ．

[2]　質量の無視できる長さ $2l$ の棒の両端に質量 m の質点PとQがつけられている．右図のように固定点OからPとQおよび重心Gに引いた位置ベクトルを $\boldsymbol{r}_1, \boldsymbol{r}_2, \boldsymbol{r}_G$ とし，Oを通る鉛直線とベクトル $\boldsymbol{r}_1, \boldsymbol{r}_2, \boldsymbol{r}_G$ となす角を $\varphi_1, \varphi_2, \varphi_G$ とする．点Oのまわりの外力のモーメント $\boldsymbol{N}$ を求め，それが，重心Gにすべての質量が集中したと考えたときの点Oのまわりの外力のモーメント $\boldsymbol{N}_G$ に等しいことを示せ．前問の結果によって，重心のまわりの力のモーメント $\boldsymbol{N}'$ は0であるから，この場合にも，$\boldsymbol{N}=\boldsymbol{N}_G+\boldsymbol{N}'$ は成立している．

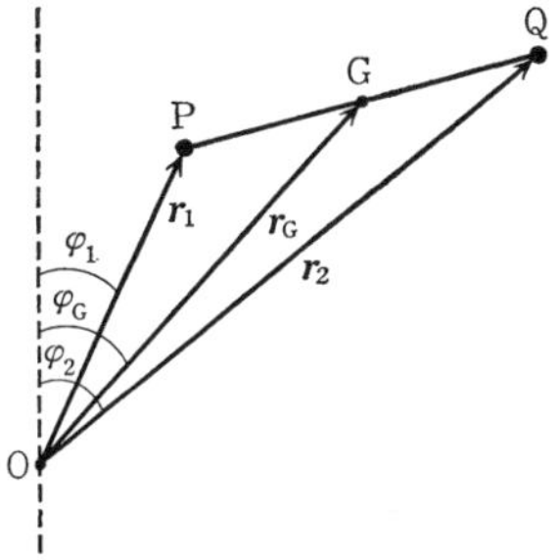

[3]　右図のように，両端に質量 m の質点PとQがつけられた長さ $2l$ の棒が鉛直線(z 軸)から角度 φ だけずれて角速度 ω で回転している．棒は重心Gを通る鉛直軸のまわりを回転するものとし，重力加速度は無視できると仮定する．回転運動によって，質点PとQは遠心力を受けるため，重心Gのまわりに力のモーメント $\boldsymbol{N}$ が生ずる．遠心力による力のモーメント $\boldsymbol{N}$ を求めよ．$\boldsymbol{N}$ が0になるのはどのようなときか．

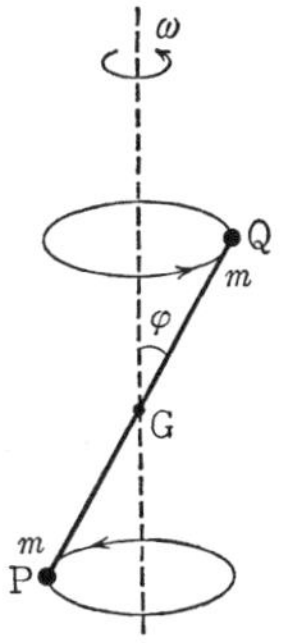

[4]　前問で角運動量 $\boldsymbol{L}$ を求めよ．角運動量の時間変化の割合い $d\boldsymbol{L}/dt$ の大きさと向きを示し，それが前問で求めた力のモーメント $\boldsymbol{N}$ と大きさが等しく，向きが逆であることを述べよ．$d\boldsymbol{L}/dt$ と $\boldsymbol{N}$ が打ち消し合う理由を考えよ．

7

剛体の簡単な運動

力を加えても形を変えない理想化した物体を剛体という．剛体は質点系で質点間の距離が変わらない特別な場合と考えられるから，前章で学んだ質点系の力学を使って剛体の運動を調べることができる．剛体では質量にかわって慣性モーメントが重要な役割をする．

7-1　剛体の運動方程式

剛体の自由度　質点相互の位置関係が変わらない質点系を**剛体**という．剛体の運動を記述するには6個の変数が必要である．剛体内の1点(例えば重心)は，空間に固定した座標系からみて，x, y, z の3個の座標で決まる．この点を通って剛体に固定した1つの直線を考えると，その方向は極座標の2個の変数 (θ, φ) で決まる．最後に剛体はこの直線のまわりに回転できるので，それを表わす角 ψ を変数に選べば，剛体の位置と傾きが決まる．つまり，剛体の**自由度**は6であり，したがってその運動は6個の方程式によって決められる．

剛体の運動方程式　6個の運動方程式としては，重心に対する運動方程式

$$m\frac{d^2\boldsymbol{r}_{\mathrm{G}}}{dt^2} = \sum_j \boldsymbol{F}_j \tag{7.1}$$

の x, y, z 方向の3成分と，角運動量に対する運動方程式

$$\frac{d\boldsymbol{L}}{dt} = \sum_j (\boldsymbol{r}_j \times \boldsymbol{F}_j) = \boldsymbol{N} \tag{7.2}$$

の x, y, z 方向の3成分の式が用いられる．

外力のモーメント $\boldsymbol{N}$ がつねに0のとき，(7.2)式から，角運動量 $\boldsymbol{L}$ は一定に保たれることがわかる．これを剛体に対する**角運動量保存の法則**という．

剛体に力が作用する点を**着力点**といい，着力点を通り力のベクトルと一致する直線を力の**作用線**という．力を作用線上でずらしても，力のモーメントやベクトル和は変化しない．

剛体の2点に大きさが等しく，向きが反対の2力が作用するとき，これを**偶力**という．偶力は合力としては0であるが，力のモーメントをもち，剛体の回転を加速する．

例題 7.1 質量の無視できる棒で結ばれた2個の質点からなる剛体において，重力による力のモーメントが0になるのは支点を棒のどのような位置に選んだときか．これまで学んだ例題や問題のまとめをしてみよう．なお2個の質点の質量が等しい場合と異なる場合について考えよ．

［解］ 質量が等しいときには，棒の中央を支点にすると，左右の質点に加わる外力のモーメントは互いに打ち消し合い，和は0になる．中央からずれた点で棒を支えると，一方の力のモーメントが他より大きくなり，棒の回転を加速する．しかし，重力によるモーメントは質点の位置によって変化するから，回転はつねに加速されるわけではなく，棒は支点からおろした鉛直線のまわりで振動運動をする．

2個の質点の質量が異なる場合には，重心を支点に選ぶと，力のモーメントは0になり，回転は加速されない．

2個の質点からなる剛体ではなく，厚さの一様な円板などにおいても，重心を支点に選べば外力のモーメントは0となる．重心を支えた円板の場合には，円板の回転にかかわりなく外力のモーメントは0であるから，重力以外の力がはたらかないかぎり，円板の回転は加速されることはない．

One Point ——重心を探せ！

重心を見い出すにはどうすればよいだろうか．任意の形をした薄い剛体を考えてみよう．まず，図のように剛体の点Aに糸をつけて吊り下げる．このとき，重心は必ず糸を下方にのばした破線上にある．なぜなら，糸で吊られた剛体が静止しているから外力によるモーメント $\boldsymbol{N}$ は0であり，したがって，$\boldsymbol{N}_G+\boldsymbol{N}'$ も0にならなければならない．重心のまわりの運動もないから，力のモーメント $\boldsymbol{N}'$ も0である．つまり，$\boldsymbol{N}_G=0$ である．重心に全質量が集中したと考えたときの力のモーメント $\boldsymbol{N}_G$ は，重心に加わる力と，糸を支えている点から力の作用線におろした垂線の長さとの積である．これが0であるということは，糸を通る鉛直線上に重心があることを意味している．他の点Bに糸をつけ，同じように剛体を吊り下げて図の鎖線がひけたとすれば，重心はやはり鎖線上にあるから，破線と鎖線の交点に重心があることになる．

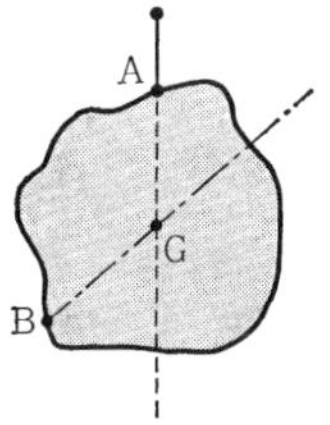

7-2　固定軸をもつ剛体の運動

固定軸をもつ剛体　剛体が固定された1直線のまわりに自由に回転でき，この回転以外の運動ができない場合，この直線を**固定軸**という．この軸のまわりの回転角だけで剛体の位置と傾きは定まる．

固定軸を z 軸にとり，剛体を構成する各質点(質量 m_j)と軸からの距離を r_j とする．軸上に原点をもち，空間に固定した円柱座標 (r_j, φ_j, z_j) を用いる．剛体の回転の角速度 ω は $d\varphi_j/dt$ である．軸に関する全角運動量 L_z は

$$L_z = \sum_j m_j r_j^2 \omega \tag{7.3}$$

となる．剛体の**慣性モーメント**とよばれる

$$I = \sum_j m_j r_j^2 \tag{7.4}$$

を導入すると，軸のまわりの角運動量は

$$L_z = I\omega \tag{7.5}$$

と書くことができる．外力のモーメントを N と書くと，角運動量に対する運動方程式 $dL_z/dt=N$ は

$$I\frac{d\omega}{dt} = N \quad または \quad I\frac{d^2\varphi}{dt^2} = N \tag{7.6}$$

となる．ここで，$\omega=d\varphi/dt$，φ は剛体が標準の位置からまわった角である．$N=0$ のとき角運動量は保存される．

回転の運動エネルギー　固定軸のまわりの慣性モーメント I を用いれば，回転の運動エネルギーは

$$K = \frac{1}{2}\sum m_j(r_j\omega)^2 = \frac{1}{2}\omega^2 \sum_j m_j r_j^2 = \frac{1}{2}I\omega^2 \tag{7.7}$$

と書ける．

例題 7.2 固定軸のまわりを回転する剛体の運動方程式

$$I\frac{d^2\varphi}{dt^2} = N$$

と，質点の直線運動を記述する方程式

$$m\frac{d^2x}{dt^2} = F$$

を比べて慣性モーメントはどのような量であるかを述べよ．

［解］ 質点の直線運動の方程式を

$$\frac{d^2x}{dt^2} = \frac{F}{m} \tag{1}$$

と書く．同じ力 F が加えられたとき，加速度 d^2x/dt^2 は質量 m に逆比例する．質量の大きい質点は加速度が小さいから，力による加速，減速を受けにくい．つまり，一定の状態を維持しようとする傾向(慣性)が大きい．質量は物体の慣性の大きさを表わす．

剛体の回転の運動方程式を

$$\frac{d^2\varphi}{dt^2} = \frac{N}{I} \tag{2}$$

と書けば，質点の直線運動と同様に剛体の回転を考えることができる．φ は剛体の回転角，$d\varphi/dt$ は角速度であるから，$d^2\varphi/dt^2$ は回転の角加速度とよぶことができる．直線運動をする質点の加速度に対応する量である．(1)と(2)を比べると，力 F は力のモーメントに，質量 m は慣性モーメント I に対応する．したがって，慣性モーメントは回転運動における剛体の慣性の大きさを表わす量であると理解することができる．力のモーメントが同じであるならば，慣性モーメントの大きい剛体の角加速度は小さいので，静止している剛体ではまわしにくく，回転している剛体では止めにくいことになる．

なお，力 F がはたらかない質点の直線運動は等速運動であるのに対応し，力のモーメント N が 0 である剛体の回転は角速度 $d\varphi/dt$ が一定の運動であることは，(2)から明らかであろう．

質点の運動と剛体の回転のあいだに上に述べた類似性を認めることができるのは，自由度 1 の系に限られることを注意しておこう．剛体が 1 つの軸のまわりに回転すると同時に，その軸が時間とともに動くような場合には，質点の運動と剛体の回転のあいだには，自由度 1 の系にみられる運動の対応は成立しない．

例題 7.3 質量の無視できる長さ l の棒の両端に質量 $m/2$ のおもりをつけた剛体を，棒の中央を通り棒と垂直な軸のまわりに角速度 ω で回転させる．慣性モーメント I を求めよ．さらに，軸のまわりの角運動量 L，回転による運動エネルギー K を計算せよ．おもりの質量を変えずに棒の長さを 2 倍にしたとき，慣性モーメント I，角運動量 L，運動エネルギー K は何倍になるか．

［**解**］ 慣性モーメント I の定義から

$$I = \sum_{j=1}^{2} m_j r_j^{\,2} = 2\left(\frac{m}{2}\frac{l^2}{4}\right) = \frac{1}{4}ml^2 \tag{1}$$

を得る．

角運動量 L，回転による運動エネルギー K は上の慣性モーメント I を用いて，それぞれ

$$L = I\omega = \frac{1}{4}ml^2\omega$$

$$K = \frac{1}{2}I\omega^2 = \frac{1}{8}ml^2\omega^2$$

と計算できる．

棒の長さを 2 倍にすると，長さ l を $2l$ におきかえればよいから

$$I = ml^2$$

$$L = ml^2\omega$$

$$K = \frac{1}{2}ml^2\omega^2$$

となる．慣性モーメント，角運動量，運動エネルギーはともに 4 倍に増大する．

質量は不変に保たれているにもかかわらず，慣性モーメントが大きくなる理由は，慣性モーメントの定義(1)によって明らかであろう．慣性モーメントは質量 m_j と回転軸から質点までの距離 r_j の平方との積 $m_j r_j^{\,2}$ をすべての質点に対して和をとることによって得られる．回転軸から質点までの距離の平方 $r_j^{\,2}$ が入っているため，質量が不変であっても r_j が変わると慣性モーメントの値は変化する．

棒を長くすると慣性モーメントが大きくなる結果，同じ大きさの力のモーメントを加えても，棒の回転の加速度は小さくなる．つまり，長い棒はまわしにくいことになる．

問 題 7-2

[1] 長さ l, 質量 m の細い一様な棒の中央に，棒と直交する回転軸をとりつけて角速度 ω で回転させる．慣性モーメント I, 角運動量の大きさ L, 回転による運動エネルギー K を求めよ．

[2] 前問で得た慣性モーメントを例題 7.3 において求めた長さ l の棒の両端に $m/2$ のおもりをつけた剛体の慣性モーメントと比較し，両者の違いの原因を論ぜよ．

[3] アイススケートで回転しているスケーターが伸ばした腕を体に引きつけると，回転の角速度は大きくなる．スケーターが腕を引きつけるとき遠心力に逆らう仕事をするが，このとき力のモーメントの大きさを求めよ．また，角運動量は変化するか．

[4] 回転しているスケーターを例題 7.3 のおもりと質量の無視できる棒によって近似する．腕をひろげているとき棒の長さが $2l$, 角速度が ω_0 であり，腕を体に引き寄せたとき棒の長さが l, 角速度が ω_1 であると仮定する．ω_1 を ω_0 によって表わせ．また，回転による運動エネルギーの増加を求め，そのエネルギー増加は遠心力に逆らって棒の長さを $2l$ から l まで短くしたときの仕事に等しいことを示せ．

7-3 剛体の慣性モーメント

回転半径 剛体に固定した1つの軸のまわりの慣性モーメント I は，この軸から剛体を構成する質点 j (質量 m_j) までの距離を r_j とすると

$$I = \sum_j m_j r_j^2 \tag{7.8}$$

で与えられる．全質量を M とすると，これは

$$I = M\kappa^2 \tag{7.9}$$

と書くことができる．ただし，

$$M = \sum_j m_j, \qquad \kappa^2 = \frac{\sum_j m_j r_j^2}{M} \tag{7.10}$$

である．κ を**回転半径**という．

平行軸の定理 剛体の重心を通る1つの軸のまわりの慣性モーメントを I_G とし，その軸から h だけ離れ，それと平行な軸のまわりの剛体の慣性モーメントを I とすると

$$I = I_G + Mh^2 \tag{7.11}$$

が成り立つ．ここで，M は剛体の全質量を表わす．右辺第2項は重心の全質量が集中したと考えたとき，平行な軸のまわりの重心の慣性モーメントに等しいことに注意しよう．これを**平行軸の定理**という．

慣性モーメントの具体例 密度も厚さも一様な円板の中心を通り，円板に垂直な軸のまわりの慣性モーメント，および，密度の一様な球の中心を通る軸のまわりの慣性モーメントは，それぞれ

$$I = \frac{1}{2}Ma^2 \quad (円板), \qquad I = \frac{2}{5}Ma^2 \quad (球) \tag{7.12}$$

で与えられる．M は円板または球の全質量を表わす．

例題 7.4 x 方向の長さが a, y 方向の長さが b の一様な薄い長方形の板について, x, y, z 軸のまわりの慣性モーメント I_x, I_y, I_z を求めよ. ただし, 板の全質量を M とせよ. また, $I_z=I_x+I_y$ が成り立つことを示せ.

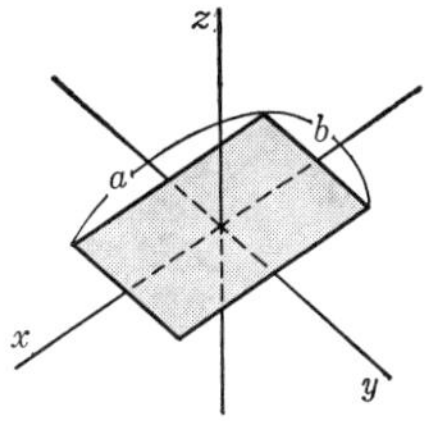

[解] x 軸のまわりの慣性モーメントは

$$I_x = \int_{-a/2}^{a/2} dx \int_{-b/2}^{b/2} dy \sigma y^2 \tag{1}$$

によって与えられる. ここで, σ は単位面積当りの質量を表わし, $\sigma=M/(ab)$ である. 積分を実行すると

$$I_x = \frac{1}{12}Mb^2$$

を得る. I_y についても同様に

$$I_y = \int_{-a/2}^{a/2} dx \int_{-b/2}^{b/2} dy \sigma x^2 = \frac{1}{12}Ma^2$$

となる.

z 軸のまわりの慣性モーメントは

$$I_z = \int_{-a/2}^{a/2} dx \int_{-b/2}^{b/2} dy \sigma (x^2+y^2)$$

を計算すればよい. ここで, x^2+y^2 は z 軸から点 (x, y) までの距離の平方を表わす. 積分をすると

$$I_z = \frac{1}{12}M(a^2+b^2)$$

となり, $I_z=I_x+I_y$ が成り立つ. これは, 任意の形をした薄い板に対してつねに成立する垂直軸の定理とよばれる定理である.

[注意] x 軸から見ると, 板は棒と変わらない. つまり, x 軸のまわりの慣性モーメントは, 長さ b, 質量 M の棒の慣性モーメントに等しい. したがって, (1)のかわりに

$$I_x = \int_{-b/2}^{b/2} \rho y^2 dy \qquad \left(\rho=\frac{M}{b}\right)$$

としても同じ結果を得る.

y 軸のまわりの慣性モーメントについても同じことがいえる.

例題 7.5 半径 a，高さ b，質量 M の一様な円柱に対して，図のように座標軸を選ぶとき，各軸のまわりの慣性モーメントを計算せよ．ただし，I_x と I_y を計算するとき，対称性から $I_x=I_y$ であることを考慮して，I_x+I_y を求めたのち，それを 2 で割って I_x または I_y とせよ．

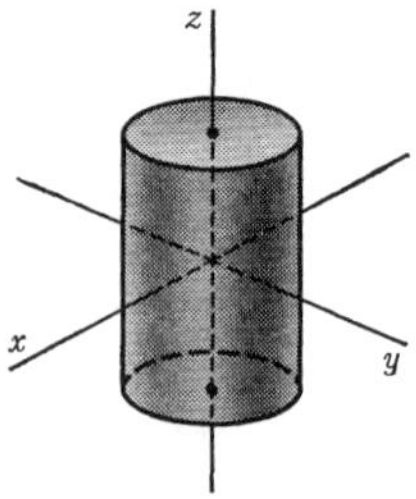

［**解**］ z 軸のまわりの慣性モーメント I_z は

$$I_z = \int dx \int dy \int_{-b/2}^{b/2} dz \rho (x^2+y^2)$$

を計算すればよい．ここで，ρ は単位体積当りの質量を表わし，$\rho=M/(\pi a^2 b)$ である．z に関する積分は容易に実行でき，b を得る．x と y に関する積分には，2 次元極座標を用いるとよい．z 軸からの距離の平方 x^2+y^2 は r^2，面積要素 $dxdy$ は $2\pi rdr$ と書けるから

$$I_z = \rho b \int_0^a 2\pi r^3 dr = \frac{\pi}{2}\rho a^4 b = \frac{1}{2}Ma^2$$

を得る．これは，半径 a，質量 M の薄い一様な円板の慣性モーメントと同じであることに注意しよう．実際，z 軸から円柱をみれば，単位面積当りの質量が $M/(\pi a^2)$ の円板と何ら変わることはない．

つぎに，たとえば x 軸から円柱をみると幅 a，長さ b の板であるが，この場合には円柱を薄板と考えてはいけない．円柱の厚さが y 軸に沿って一様でないからである．

$$I_x = \int dx \int dy \int_{-b/2}^{b/2} dz \rho (y^2+z^2)$$

$$I_y = \int dx \int dy \int_{-b/2}^{b/2} dz \rho (x^2+z^2)$$

において，I_x+I_y を計算すると

$$\begin{aligned} I_x+I_y &= \int dx \int dy \int_{-b/2}^{b/2} dz \rho (x^2+y^2+2z^2) \\ &= \int_0^a 2\pi r dr \int_{-b/2}^{b/2} dz \rho (r^2+2z^2) = \pi \rho a^2 b \left(\frac{a^2}{2} + \frac{b^2}{6} \right) \end{aligned}$$

を得る．対称性により，$I_x=I_y$ であるから

$$I_x = I_y = \frac{1}{12}M(3a^2+b^2)$$

Coffee Break　転がるカンビール

次の実験をしてみよう．カンビールを3本用意する．1本は冷凍庫に入れて完全に凍らせ，2本目は冷蔵庫に入れ，飲み頃になるまで冷やす．3本目はそのまま部屋に出しておく．まず，飲み頃になったビールを飲んで空にする．すると，①空のビールカン，②液体の入ったビールカン，③固体の入ったビールカン，の3種類が揃う．次に，縦横60 cm程度の板をテーブルの上に置き，一端に高さ2～3 cmの台を挿入してなだらかな斜面をつくる．斜面の上から用意した3種類のビールカンを静かに転がす．どのビールカンが最も早く斜面を転がるだろうか．予想をたててから実験してみよう．

まず，②と③のビールカンの競争を考えてみよう．③は中味が凍っているから剛体と考えてよい．したがって，カンの回転に応じて内部も回転する．しかし，②は中が液体であるため，液体の回転はカンの回転からずれて遅くなる．さて，高さhの斜面を転がり落ちたカンの運動エネルギーは，カンと中味の質量をMとするとMghである．運動エネルギーは重心の運動エネルギーと重心に相対的な運動エネルギー，つまり，回転の運動エネルギーに分けられる．②のカンでは液体の角速度が小さいから回転の運動エネルギーは③のカンに比べて少なく，その分だけ重心の運動エネルギーが大きい．したがって，②の液体入りのカンは③の剛体のカンよりも重心が速く移動し，斜面を早く転がることになる．

次に，①と③を比べてみよう．斜面を転がる円柱の運動方程式は

$$I\frac{d\omega}{dt}=\frac{2}{3}Mg\sin\theta$$

によって与えられる．斜面の角度θを一定に保つと，角加速度$d\omega/dt$はM/Iに比例する．③のカンは①に比べMもIも大きい．しかし，①のカンは空洞であるから単位質量当りの慣性モーメントが大きく，M/Iは③よりも小さい．したがって，③は①よりも早く転がる．

以上から，②③①の順番で斜面を転がることがわかる．

例題 7.6　質量の無視できる棒の先端に半径 a，質量 M の球をつけた振り子の微小振動の周期を求めよ．ただし，支点Oと球の重心までの距離を l とせよ．$l \gg a$ のとき，周期は $2\pi\sqrt{\dfrac{l}{g}}\left(1+\dfrac{a^2}{5l^2}\right)$ と近似できることを示せ．

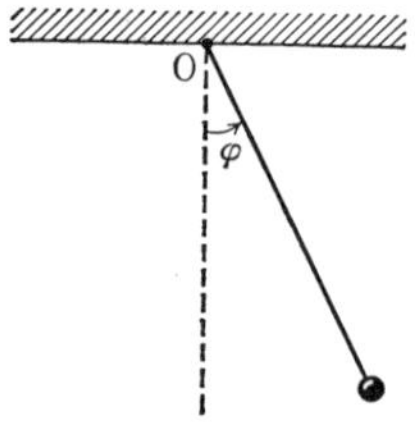

［**解**］　点Oのまわりの振り子の運動方程式

$$I\frac{d^2\varphi}{dt^2} = N$$

において，慣性モーメント I は球の慣性モーメント I_0 と重心に質量が集中したと考えたときOのまわりの慣性モーメント Ml^2 との和

$$I = I_0 + Ml^2, \qquad I_0 = \frac{2}{5}Ma^2$$

であり，力のモーメント N は $-Mgl\sin\varphi$ である．つまり

$$\left(l^2+\frac{2}{5}a^2\right)\frac{d^2\varphi}{dt^2} = -gl\sin\varphi$$

となる．微小振動($|\varphi| \ll 1$)のとき $\sin\varphi \approx \varphi$ と近似できるから

$$\frac{d^2\varphi}{dt^2} = -\frac{g}{l\left(1+\dfrac{2}{5}\dfrac{a^2}{l^2}\right)}\varphi$$

が得られる．これから，角振動数 ω は

$$\omega = \sqrt{\frac{g}{l\left(1+\dfrac{2}{5}\dfrac{a^2}{l^2}\right)}}$$

周期 T は

$$T = \frac{2\pi}{\omega} = 2\pi\sqrt{\frac{l}{g}\left(1+\frac{2}{5}\frac{a^2}{l^2}\right)}$$

となる．

$l \gg a$ のときには

$$\sqrt{1+\frac{2}{5}\frac{a^2}{l^2}} \cong 1+\frac{a^2}{5l^2}$$

と近似できるから次式が得られる．

$$T \cong 2\pi\sqrt{\frac{l}{g}}\left(1+\frac{a^2}{5l^2}\right)$$

例題 7.7　半径 a，質量 M の球がすべらずに床を転がって高さ h の段にぶつかるとする．球が段をのぼるためには，球の転がりの速さ v がどれほどであればよいか．ただし，球が段の角 A にぶつかってからのぼるまでの間，球は点 A から離れたりすべったりしないものとする．

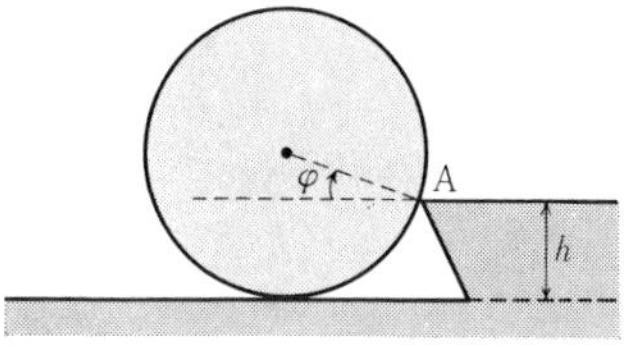

［解］　A 点のまわりの球の回転を考える．A からひいた水平線と，A 点と球の中心を結ぶ直線とのなす角を φ とする．A のまわりの球の回転を表わす運動方程式

$$I\frac{d^2\varphi}{dt^2} = N$$

において，点 A のまわりの球の慣性モーメントは重心を通る軸のまわりの慣性モーメント I_0 を用いると

$$I = I_0 + Ma^2, \qquad I_0 = \frac{2}{5}Ma^2$$

であり，力のモーメント N は重力の大きさ Mg と，点 A から重力のベクトルにおろした垂線の長さとの積

$$N = -Mga\cos\varphi$$

である．重力による力のモーメントは角加速度を減少させるようにはたらくから負の符号がついている．運動方程式

$$I\frac{d^2\varphi}{dt^2} = -Mga\cos\varphi$$

の両辺に $d\varphi/dt$ を掛けて積分をする（エネルギー積分）と

$$\frac{1}{2}I\left(\frac{d\varphi}{dt}\right)^2 = -Mga\sin\varphi + C \tag{1}$$

が得られる．積分定数 C を決めるため，球が段に衝突する前後で点 A のまわりの角運動量が保存されることを用いる．衝突前は重心のまわりの角運動量 $I_0 v/a$ と，点 A のまわりの重心の角運動量 $Mv(a-h)$ の和であり，衝突後の点 A のまわりの角運動量は $Id\varphi/dt$ であるから

$$I\frac{d\varphi}{dt} = I_0\frac{v}{a} + Mv(a-h) \tag{2}$$

が角運動量の保存則になる．また，球が点 A に衝突したとき

$$\sin\varphi = \frac{a-h}{a} \tag{3}$$

が成り立つ．(2)と(3)を(1)に代入して定数 C を

$$C = \frac{1}{2I}\left\{I_0\frac{v}{a} + Mv(a-h)\right\}^2 + Mg(a-h)$$

と決めることができる．つまり，(1)は

$$\frac{1}{2}I\left(\frac{d\varphi}{dt}\right)^2 = \frac{1}{2I}\left\{\frac{I_0 v}{a} + Mv(a-h)\right\}^2 + Mg(a-h-a\sin\varphi) \tag{4}$$

となる．

球が段をのぼるには，$\varphi=\pi/2$ のとき $d\varphi/dt>0$ でなければならない．$\varphi=\pi/2$ で $d\varphi/dt=0$ になる速さ v を v_0 とおくと，(4)から

$$v_0 = \frac{\sqrt{2IMgh}}{I_0/a + M(a-h)} \tag{5}$$

を得る．$I_0=2Ma^2/5$，$I=7Ma^2/5$ を代入すると

$$v_0 = \frac{5a}{7a-5h}\sqrt{\frac{14}{5}gh} \tag{6}$$

となる．v_0 は正であるから

$$h < \frac{7}{5}a \tag{7}$$

でなければならない．h が $7a/5$ に等しいか，それより大きいときには，球は段をのぼることはできない．(7)の条件のもとで，$v>v_0$ を満足する速さをもった球が段をのぼることになる．

［**別解**］　運動方程式を解くことなしに保存則を用いて解を求めることもできる．段に衝突した直後の A 点のまわりの球の角速度を ω_0，段をのぼりきった直後における球の角速度を ω_1 とする．ω_0 は角運動量の保存則(2)によってすでに与えられている．(2)の左辺の $d\varphi/dt$ が ω_0 にほかならない．つまり，

$$I\omega_0 = I_0\frac{v}{a} + Mv(a-h) \tag{8}$$

である．$I_0=2Ma^2/5$ を代入した

$$I\omega_0 = Mv\left(\frac{7}{5}a - h\right)$$

によって，$h<7a/5$ でなければならないことがわかる．球が段をのぼり始めるには $\omega_0>0$ だからである．

次にエネルギー保存則を用いる．エネルギーとして点 A のまわりの回転による運動エネルギーとポテンシャルエネルギーを考えればよい．段に衝突直後の運動エネルギーは $\frac{1}{2}I\omega_0^2$ であり，段をのぼりきった直後のエネルギーは，運動エネルギー $\frac{1}{2}I\omega_1^2$ とポ

テンシャルエネルギーの増加分 Mgh の和であるから，エネルギー保存則より

$$\frac{1}{2}I\omega_0{}^2 = \frac{1}{2}I\omega_1{}^2 + Mgh$$

が得られる．(8)の ω_0 を上式に代入して

$$\frac{1}{2}I\omega_1{}^2 = \frac{1}{2I}\left\{\frac{I_0 v}{a} + Mv(a-h)\right\}^2 - Mgh$$

となる．これは(4)で $\varphi=\pi/2$, $d\varphi/dt=\omega_1$ とおいた式にほかならない．$\omega_1>0$ のとき段をのぼることができるから(6)の v_0 を用いて，$v>v_0$ が得られる．

問　題 7-3

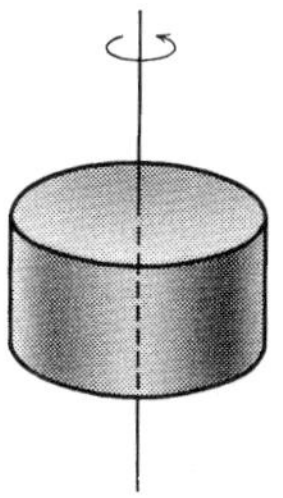

[1]　半径 1 m，高さ 1 m の鉄製(比重を 8 g/cm^3 とせよ)の円柱が中心の軸のまわりを毎分 600 回転している．回転による運動エネルギーを計算せよ．

[2]　長さ l，質量 m の細い一様な棒の一端に棒と直交する軸をとりつけ回転させるときの慣性モーメント I を計算せよ．重心に全質量が集中したと仮定した場合の軸のまわりの慣性モーメントを I'，重心のまわりの棒の慣性モーメントを I_G とするとき，平行軸の定理 $I=I_G+I'$ が成り立っていることを確かめよ．

[3]　半径 a，質量 M の一様な円板の中心から b だけ離れた点を支点として円板を鉛直面内で微小振動させる．微小振動の周期を求めよ．周期を最小にする b の値を決め，最小周期を求めよ．

[4]　半径 a，質量 M の円柱がすべることなく斜面を転がりおりるとする．静止した状態から転がりはじめ，高さ h だけおりたとき円柱の速さはいくらか．半径 a，質量 M の球についても同様に速さを求めよ．これらの速さが，高さ h だけ落下したときの質点の速さ $\sqrt{2gh}$ より小さくなる理由を考察せよ．

7-4 コマの歳差運動

床の上で高速回転するコマの軸を少し傾けると，軸が鉛直線と一定の角を保ちながら一定の角速度で旋回する．これを**歳差運動**，または，**みそすり運動**という．

コマの軸が支点を通る鉛直線から一定の角θだけ傾いて歳差運動をしているとする．コマは傾いて回転しているため，支点のまわりに重力のモーメントをもつ．コマの質量をM，支点から重心までの距離をlとすると，支点のまわりの重力のモーメント$\boldsymbol{N}$の大きさNは

$$N = Mgl \sin\theta \tag{7.13}$$

で与えられる．モーメント$\boldsymbol{N}$の向きは，鉛直線とコマの軸を含む面に直交している．モーメント$\boldsymbol{N}$のためにコマの角運動量$\boldsymbol{L}$が微小時間dtの間に$d\boldsymbol{L}$だけ変わるとすれば

$$d\boldsymbol{L} = \boldsymbol{N}dt \tag{7.14}$$

である．コマの軸のまわりの回転が十分速い場合を考えると，角運動量$\boldsymbol{L}$は支点からコマの軸に沿う方向を向いているとしてよい．$d\boldsymbol{L}$は$\boldsymbol{N}$と同様に鉛直線とコマの軸を含む面に直交しているので，コマの軸もその面に直交した方向に動き，鉛直軸のまわりを回転する(コマの歳差運動)．角運動量の鉛直軸に垂直な方向の成分は$L\sin\theta$であるから，歳差運動の角速度をΩとすれば

$$dL = L\sin\theta\cdot\Omega dt \tag{7.15}$$

となる．したがって

$$\Omega = \frac{Mgl}{L} = \frac{Mgl}{I\omega} \tag{7.16}$$

が得られる．Iはコマの慣性モーメント，ωはコマの自転の角速度を表わす．

例題 7.8　軸受け A と B で支えられたコマが角速度 ω で回転している．軸受け A に紙面と垂直下向きの力を加え，B には垂直上向きの力を加えると，軸受け A と B はそれぞれどちら向きに動くか．

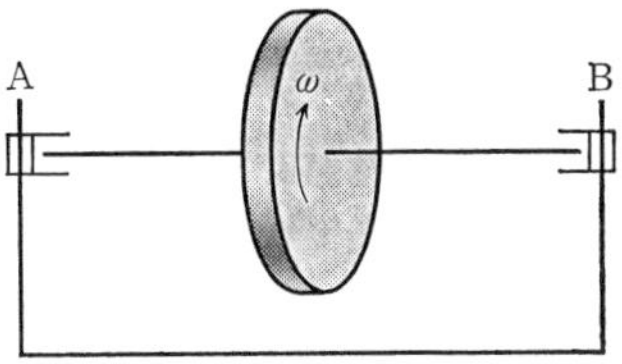

図 1

［解］　A に紙面と垂直下向きの力を加えると，コマの重心には紙面内下向きの力のモーメントがはたらく．B に加える力によっても重心には同じ向きの力のモーメントがはたらく．

さて，図 1 のような回転をするコマの角運動量はコマの重心を通り水平左向きである(図 2)．A と B に力を加えた結果，重心には下向きの力のモーメントが現われる．力のモーメントは角運動量を変化させる．両者の関係は

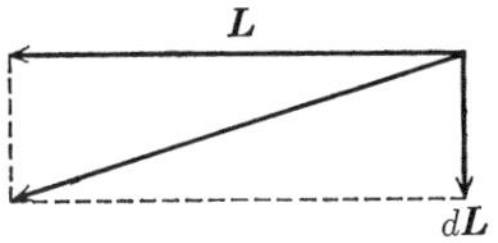

図 2

$$\boldsymbol{N} = \frac{d\boldsymbol{L}}{dt}$$

であるから，角運動量の変化 $d\boldsymbol{L}$ は $\boldsymbol{N}dt$ に比例する．したがって，$d\boldsymbol{L}$ は平面内で下を向いている．$\boldsymbol{L}$ と $d\boldsymbol{L}$ を合成すると，左下がりのベクトルが得られる．コマの軸は合成された角運動量の方向と一致する．つまり，軸受け A は紙面内で下方に動き，B は上方に動く．

［注意］　高速で回転しているコマは重力がはたらいても倒れないで歳差運動を行なう．上の例では，コマの軸受けに加えた力と直交する方向に軸が移動する．このように高速で回転している物体は力の方向に倒れないで，力に対して垂直な向きに回転軸が移動する，これを**ジャイロ現象**という．

問　題 7-4

[1]　なめらかな床の上でコマが軸を傾けて回転している．歳差運動の角速度を求めよ．

8

相対運動

地球上での物体の運動を解析するとき，普通は地球を慣性系と考える．しかし，地球は自転しているから慣性系ではない．したがって，慣性系に対して回転する座標系で運動を記述しないと，地球上の物体の運動は正確に表わすことはできない．また，エレベーターや電車が加速・減速しているときにも，それらの床を基準とする座標系は慣性系ではない．これらの系における運動をこの章で学ぶことにする．

8-1 回転しない座標系

ニュートンの運動法則がそのまま成り立つ座標系を**慣性系**という．原点をO，座標軸をx, y, zとする慣性系Sに対して運動している座標系の原点をO′，座標軸をx', y', z'とする系S'を考える．SからみたS'系の原点O′の座標をx_0, y_0, z_0とする．SとS'の座標軸が平行であるとすると

$$\boldsymbol{r} = \boldsymbol{r}_0 + \boldsymbol{r}' \tag{8.1}$$

が成り立つ．ベクトルは$\boldsymbol{r}=(x, y, z)$，$\boldsymbol{r}_0=(x_0, y_0, z_0)$，$\boldsymbol{r}'=(x', y', z')$を表わす．

慣性系Sに対して成り立つニュートンの運動方程式

$$m\frac{d^2\boldsymbol{r}}{dt^2} = \boldsymbol{F} \tag{8.2}$$

に(8.1)を代入すると

$$m\frac{d^2\boldsymbol{r}'}{dt^2} = \boldsymbol{F}+\boldsymbol{F}', \qquad \boldsymbol{F}' = -m\frac{d^2\boldsymbol{r}_0}{dt^2} \tag{8.3}$$

が得られる．第1式の左辺はS'系に対するみかけの加速度であり，この式はS'系を基準にした運動方程式である．$\boldsymbol{F}'$はS'が加速度運動をするために現われる**みかけの力**で，**慣性力**とよばれる．

> 慣性系に対して加速度運動をしている座標系では慣性力が現われ，これを加えればニュートンの運動方程式が成立する．

相対速度$d\boldsymbol{r}_0/dt$が一定の場合には慣性力$\boldsymbol{F}'$は消え，S'系に対しても

$$m\frac{d^2\boldsymbol{r}'}{dt^2} = \boldsymbol{F} \tag{8.4}$$

が成立する．つまり，ひとつの慣性系Sに対して等速度で動く系S'はやはり慣性系である．これを**ガリレイの相対性原理**という．

例題 8.1 xy 平面で原点を中心として半径 a の円周上を角速度 ω で反時計まわりに旋回する質点がある．この平面に対して x 方向に $-v$ で動く平面 $x'y'$ からみた質点の座標を時間の関数として表わせ．$x'y'$ 平面における質点の運動は速度 v によってどのように変化するか．x 軸と x' 軸は平行で，かつ重なっているものとする．

［**解**］ xy 平面における質点の座標は

$$x = a\cos(\omega t+\varphi), \qquad y = a\sin(\omega t+\varphi)$$

によって与えられる．φ は定数．xy 座標から $x'y'$ 座標に移るには，ガリレイ変換において x 方向の速度 $-v$ を代入した

$$x = -vt+x', \qquad y = y'$$

を用い

$$x' = vt+a\cos(\omega t+\varphi), \qquad y' = a\sin(\omega t+\varphi) \quad (1)$$

とすればよい．(1)を時間で微分して速度は

$$\dot{x}' = v-a\omega\sin(\omega t+\varphi), \qquad \dot{y}' = a\omega\cos(\omega t+\varphi) \quad (2)$$

と求められる．y' 方向の速度は $-a\omega$ と $a\omega$ の間を振動するのに対し，x' 方向の速度は $v-a\omega$ と $v+a\omega$ の間で変化する．したがって，$v>a\omega$ のとき x' 方向の速度はつねに正である．v と $a\omega$ の大小に応じて質点の軌跡(1)は右図のように変化する．

(a) $v<a\omega$

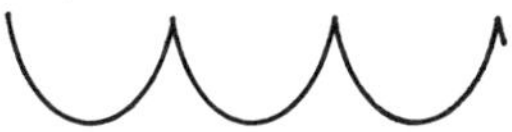

(b) $v=a\omega$

(c) $v>a\omega$

［**注意**］ 図のような曲線を一般に**トロコイド**という．特に $v=a\omega$ の曲線を**サイクロイド**という．

(2)をもう一度時間で微分して $\dot{x}'$ を v_x などと書くと

$$\dot{v}_x = -\omega v_y, \qquad \dot{v}_y = \omega(v_x-v) \quad (3)$$

が得られる．簡単のためダッシュは省略した．(2)はこの微分方程式の解にほかならない．

例題 8.2 一定の速さで動くエレベーターの中で鉛直上方に投げ上げた物体が元の位置まで戻る時間を測定したところ T_0 であった．次に，加速度 a で降下するエレベーターの中で同じ実験をしたところ，元の位置に戻る時間が T となった．T_0, T および重力加速度 g からエレベーターの加速度 a を求める公式を導け．ただし，エレベーターに対する物体の初速度は同じであるとする．

［**解**］ エレベーターにのった系で，鉛直上方を x 軸正方向に選ぶ．物体の質量を m として，運動方程式は

$$m\ddot{x} = F + F'$$

である．ここで，F は本当の力，F' はみかけの力を表わす．いまの場合，F は地上で受ける重力 $-mg$ に等しく，F' は地上からみたエレベーターの加速度 $\ddot{x}_0$ を用いて

$$F' = -m\ddot{x}_0$$

と書くことができる．

一定の速さで動くときエレベーターの加速度は 0 であるので，物体の速度は

$$m\ddot{x} = -mg$$

を積分して

$$\dot{x} = -gt + v_0$$

となる．v_0 は初速度を表わす．物体が元の位置に戻る時間は，最高点に達する時間 v_0/g の 2 倍である．したがって

$$T_0 = \frac{2v_0}{g} \tag{1}$$

が得られる．

加速度 a で降下するときには，$\ddot{x}_0 = -a$ であるから

$$m\ddot{x} = -mg + ma$$

が運動方程式である．これを積分すると，時間 T が

$$T = \frac{2v_0}{g-a} \tag{2}$$

と計算できる．加速度 a が大きくなると，物体が元の位置まで戻る時間は長くなる．

(1)と(2)から初速度 v_0 を消去して，求める公式

$$a = g\left(1 - \frac{T_0}{T}\right)$$

が得られる．

問　題 8-1

[1] 加速度 a で下降するエレベーターの床に置かれた質量 m の物体が床に及ぼす力を求めよ.

[2] 質量 m のおもりをつるしたバネがエレベーターの中にある. $t=0$ にエレベーターが加速度 a で下降をはじめると，おもりはどのような運動をするか. バネ定数を k とし，バネの自然長からののびを x とせよ.

[3] 振幅 a，角振動数 ω で上下に振動する台の上においた物体が台から離れないための条件を求めよ.

[4] 質量 m，電荷 q，速度 $\boldsymbol{u}$ の荷電粒子が電場 $\boldsymbol{E}$，磁束密度 $\boldsymbol{B}$ の中で運動すると，ローレンツ力 $q(\boldsymbol{E}+\boldsymbol{u}\times\boldsymbol{B})$ を受けて運動方程式は

$$m\frac{d\boldsymbol{u}}{dt} = q(\boldsymbol{E}+\boldsymbol{u}\times\boldsymbol{B})$$

となる. いま，xy 平面内の運動を考え，$\boldsymbol{E}$ は y 方向，$\boldsymbol{B}$ は z 方向のみの成分をもち，ともに時間的に一定で空間的に一様であるとする. $\boldsymbol{u}=\boldsymbol{i}u_x+\boldsymbol{j}u_y$ として，x 方向，y 方向の運動方程式を書け. それらを例題 8.1 の(3)式と比べることにより，ω と v を決定せよ.

8-2 重心系と実験室系

2 個の粒子の衝突を考えるとき，重心と共に移動する座標系(**重心系**)から運動を見ると計算が簡単になる．実験室に固定した座標系(**実験室系**)と重心系の間の変換はガリレイ変換である．

質量 m_1 の粒子が実験室系で静止しているところへ，質量 m_2 の粒子を速度 $\boldsymbol{v}_0$ で入射させたとする．重心の速度 $\boldsymbol{v}_\mathrm{G}$ は $\boldsymbol{v}_\mathrm{G}=m_2\boldsymbol{v}_0/(m_1+m_2)$ で与えられる．重心系に移ると初速度はそれぞれ，

$$\boldsymbol{V}_1 = -\boldsymbol{v}_\mathrm{G} = -\frac{m_2}{m_1+m_2}\boldsymbol{v}_0, \qquad \boldsymbol{V}_2 = \boldsymbol{v}_0-\boldsymbol{v}_\mathrm{G} = \frac{m_1}{m_1+m_2}\boldsymbol{v}_0 \tag{8.5}$$

となる．重心系では散乱後も重心は静止して見えるので，散乱後の速度をそれぞれ $\boldsymbol{V}_1'$, $\boldsymbol{V}_2'$ とすれば

$$m_1\boldsymbol{V}_1'+m_2\boldsymbol{V}_2' = 0 \tag{8.6}$$

が成り立つ．これとエネルギーの保存則から散乱後の速さは，$v_0=|\boldsymbol{v}_0|$ を用いて

$$V_1' = |\boldsymbol{V}_1'| = \frac{m_2}{m_1+m_2}v_0, \qquad V_2' = |\boldsymbol{V}_2'| = \frac{m_1}{m_1+m_2}v_0 \tag{8.7}$$

と書ける．散乱前の速さを $V_1=|\boldsymbol{V}_1|$ などとすると $V_1'=V_1$, $V_2'=V_2$ であることがわかる．つまり，重心系で見ると散乱によって粒子の速さは変わらない．

実験室系に戻るには，質量 m_1 の粒子の初速度を 0 にするように速度 $-\boldsymbol{V}_1$ $(=\boldsymbol{v}_\mathrm{G})$ を加えればよい．

粒子 m_2 の重心系での**散乱角**を ϕ，実験室系での散乱角を Φ とすると，

$$\tan\Phi = \frac{\sin\phi}{\cos\phi+(m_2/m_1)} \tag{8.8}$$

が成立する．

例題 8.3 質量 m，速度 $\boldsymbol{v}_0$ の粒子 2 が，静止している同じ質量の粒子 1 と衝突して，入射方向に対し 30° の角度に散乱された．このとき粒子 1 は粒子 2 の入射速度 $\boldsymbol{v}_0$ に対して 60° の角度に散乱されることを示せ．この衝突によって粒子 2 は 25% のエネルギーを失うことを示せ．

［**解**］ 重心系で衝突を考える．実験室系での重心の速度 $\boldsymbol{v}_G$ は $\boldsymbol{v}_0/2$ であるから，衝突前の粒子 1, 2 の重心系速度 $\boldsymbol{V}_1$, $\boldsymbol{V}_2$ は

$$\boldsymbol{V}_1 = -\boldsymbol{v}_G = -\frac{\boldsymbol{v}_0}{2}, \qquad \boldsymbol{V}_2 = \boldsymbol{v}_0 - \boldsymbol{v}_G = \frac{\boldsymbol{v}_0}{2}$$

である．重心系でみると衝突の前後で粒子の速さは変わらないから，衝突後の速度をそれぞれ $\boldsymbol{V}_1'$, $\boldsymbol{V}_2'$ とし，粒子 2 の速度方向の単位ベクトルを $\boldsymbol{n}$ とすると

$$\boldsymbol{V}_1' = -\frac{v_0}{2}\boldsymbol{n}, \qquad \boldsymbol{V}_2' = \frac{v_0}{2}\boldsymbol{n}$$

となる．

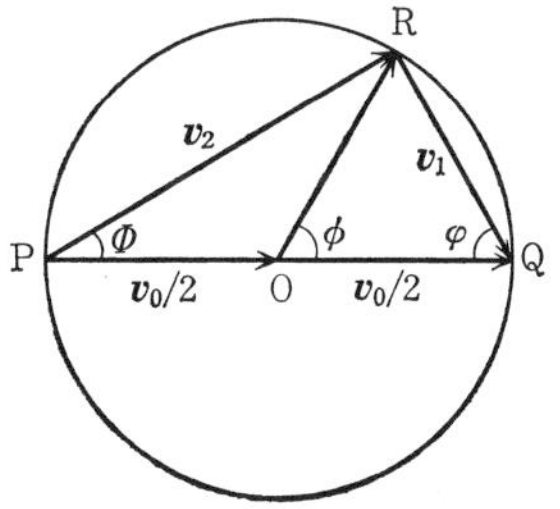

実験室系でみた散乱後の粒子の速度を $\boldsymbol{v}_1$, $\boldsymbol{v}_2$ とすると

$$\boldsymbol{v}_1 = \boldsymbol{v}_G + \boldsymbol{V}_1' = \frac{\boldsymbol{v}_0}{2} - \frac{v_0}{2}\boldsymbol{n}$$

$$\boldsymbol{v}_2 = \boldsymbol{v}_G + \boldsymbol{V}_2' = \frac{\boldsymbol{v}_0}{2} + \frac{v_0}{2}\boldsymbol{n}$$

となる．

重心系と実験室系の速度の関係を図形で考える．まず，半径 $v_0/2$ の円を描き中心を O とする．O を通る直線と円の交点を P, Q とする．ベクトル $\overrightarrow{\mathrm{PO}}$, $\overrightarrow{\mathrm{OQ}}$ を粒子 2 の初速度方向に一致させると，それらは $\boldsymbol{v}_0/2$ に，ベクトル $\overrightarrow{\mathrm{PQ}}$ は $\boldsymbol{v}_0$ に等しい．O から $\boldsymbol{n}$ の方向に円周上の点 R をとると，$\overrightarrow{\mathrm{OR}}$ は $v_0\boldsymbol{n}/2$，つまり $\boldsymbol{V}_2'$ に一致する．このように P, Q, R を選べば，$\overrightarrow{\mathrm{PR}} = \boldsymbol{v}_2$，$\overrightarrow{\mathrm{RQ}} = \boldsymbol{v}_1$ が成り立つことがわかる．$\Phi = 30°$ であるから $\phi = 60°$，$\varphi = 60°$ が得られる．ここで，φ は粒子 2 の入射速度ベクトルからはかった粒子 1 の散乱角である．つまり $\boldsymbol{v}_1$ と $\boldsymbol{v}_2$ は直交している．

実験室系でみた粒子 2 の散乱後の速度 $\boldsymbol{v}_2$ の $\boldsymbol{v}_0$ 方向成分を v_{2x}，それと垂直な成分を v_{2y} とすると，図から

$$v_{2x} = \frac{v_0}{2}(1+\cos 60°) = \frac{3}{4}v_0, \qquad v_{2y} = \frac{v_0}{2}\sin 60° = \frac{\sqrt{3}}{4}v_0$$

となることがわかる．これから粒子 2 の運動エネルギーを計算すると，衝突によって 25 % のエネルギーが粒子 1 に移っていることがわかる．

問 題 8-2

[1] 例題 8.3 の解の図から，実験室系においてエネルギー保存則が成り立っていることを示せ．

[2] 静止した粒子による散乱では，重心系と実験室系の散乱角 ϕ と Φ の間に公式

$$\tan \Phi = \frac{\sin \phi}{\cos \phi + (m_2/m_1)}$$

が成り立つ．この公式で $m_1 = m_2$ のとき，$\Phi = \phi/2$ であることを示せ．

8-3 座標変換

2次元の座標変換 同一平面内で2つの座標系O-xyとO-$x'y'$が角度φ_0で交わっているとする．O-xy系で成分(x, y)をもつ位置ベクトル$\boldsymbol{r}$をO-$x'y'$系で表わしたとき成分が(x', y')であるとする．x'軸のx軸，y軸に対する方向余弦は$\cos\varphi_0, \sin\varphi_0$であり，$y'$軸の方向余弦は$-\sin\varphi_0, \cos\varphi_0$であるから，$(x, y)$と$(x', y')$の間の変換は次式で与えられる(図8-1(a)参照)．

$$x' = x\cos\varphi_0 + y\sin\varphi_0, \qquad y' = -x\sin\varphi_0 + y\cos\varphi_0 \tag{8.9}$$

逆に(x, y)を(x', y')で表わすと

$$x = x'\cos\varphi_0 - y'\sin\varphi_0, \qquad y = x'\sin\varphi_0 + y'\cos\varphi_0 \tag{8.10}$$

が得られる(図8-1(b))．次の行列Aと，その行と列をいれかえた行列(置換行列)${}^{t}A$を用いると，上の変換は

$$\begin{gathered}\begin{pmatrix} x' \\ y' \end{pmatrix} = A\begin{pmatrix} x \\ y \end{pmatrix}, \qquad \begin{pmatrix} x \\ y \end{pmatrix} = {}^{t}A\begin{pmatrix} x' \\ y' \end{pmatrix} \\ A = \begin{pmatrix} \cos\varphi_0 & \sin\varphi_0 \\ -\sin\varphi_0 & \cos\varphi_0 \end{pmatrix}, \qquad {}^{t}A = \begin{pmatrix} \cos\varphi_0 & -\sin\varphi_0 \\ \sin\varphi_0 & \cos\varphi_0 \end{pmatrix}\end{gathered} \tag{8.11}$$

となる．速度，加速度，力などのベクトルについても同じ変換が成り立つ．

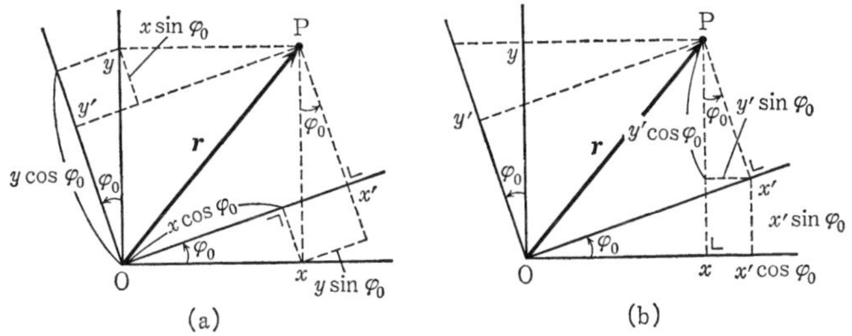

図8-1

3次元の座標変換 3次元の場合，変換行列A, ${}^{t}A$は3行3列になり，9個の成分をもつ．9個のなかで独立な成分は3個である．

例題 8.4 慣性系に対して加速度 $\boldsymbol{a}$ で水平方向に動く座標系 xy において，原点から x 方向に速度 v_0 で打ち出された質量 m の物体の運動を考える．この系では，x 方向に慣性力 $-m\boldsymbol{a}$，y 方向に重力 $-m\boldsymbol{g}$ がはたらくから，物体の位置は

$$x = v_0 t - \frac{1}{2}at^2, \qquad y = -\frac{1}{2}gt^2$$

によって表わされる．物体に働く加速度の和を図のように $\boldsymbol{g}'$ とする．y' 軸を $\boldsymbol{g}'$ と平行に選んだ傾いた座標 $x'y'$ で物体の位置を計算してから xy 座標に座標変換し上の結果が得られることを示せ．

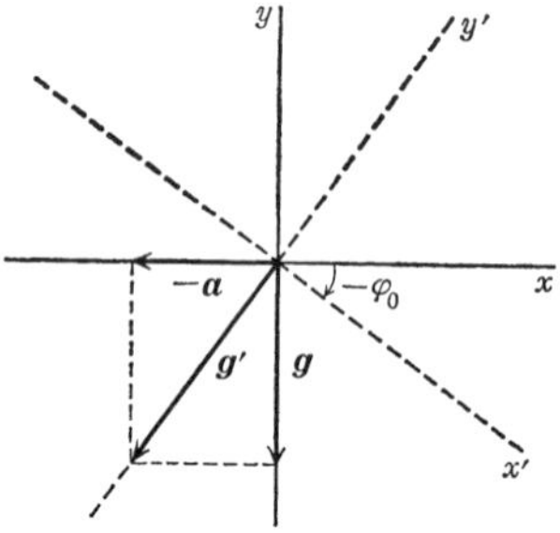

［解］ $x'y'$ 系でみると物体には鉛直下方($-y$ 方向)に一様な重力 $m\boldsymbol{g}'$ が加わるから運動方程式は

$$m\frac{d^2x'}{dt^2} = 0, \qquad m\frac{d^2y'}{dt^2} = -mg'$$

と書くことができる．ここで加速度 g' は $\sqrt{g^2+a^2}$ に等しい．初速度の x', y' 成分はそれぞれ $v_0\cos\varphi_0, v_0\sin(-\varphi_0)$ である．ただし，φ_0 は x 軸と x' 軸のなす角を表わし，x 軸から反時計回りの方向を正にとるものとする．つまり

$$\sin(-\varphi_0) = \frac{a}{\sqrt{g^2+a^2}}, \qquad \cos\varphi_0 = \frac{g}{\sqrt{g^2+a^2}}$$

である．運動方程式を 2 回積分すれば

$$x' = \frac{gv_0}{\sqrt{g^2+a^2}}t, \qquad y' = \frac{av_0}{\sqrt{g^2+a^2}}t - \frac{1}{2}\sqrt{g^2+a^2}\,t^2$$

が得られる．

$x'y'$ 系から xy 系への座標変換は

$$\begin{pmatrix} x \\ y \end{pmatrix} = \begin{pmatrix} \cos\varphi_0 & -\sin\varphi_0 \\ \sin\varphi_0 & \cos\varphi_0 \end{pmatrix}\begin{pmatrix} x' \\ y' \end{pmatrix}$$

によって与えられる．上の $\cos\varphi_0, \sin\varphi_0, x', y'$ を代入すると

$$x = v_0 t - \frac{1}{2}at^2$$

$$y = -\frac{1}{2}gt^2$$

となる．これは，xy 系で求めた解にほかならない．

8-4　運動座標系に対する運動方程式

回転座標系　慣性系に対して角速度 $\boldsymbol{\omega}$ で回転している座標系を考える．任意のベクトル(たとえば，位置ベクトル) $\boldsymbol{A}$ の慣性系に対する変化は

$$\frac{d\boldsymbol{A}}{dt}=\frac{d^*\boldsymbol{A}}{dt}+\boldsymbol{\omega}\times\boldsymbol{A} \tag{8.12}$$

で与えられる．$d\boldsymbol{A}/dt$ をベクトル $\boldsymbol{A}$ の**絶対導関数**といい，$d^*\boldsymbol{A}/dt$ を回転座標系に対する**相対導関数**という．$\boldsymbol{\omega}\times\boldsymbol{A}$ は座標のとり方に無関係であり，慣性系の成分で書いても，回転座標系の成分で書いてもよい．これを回転座標系の公式という．

運動座標系に対する運動方程式　慣性系からみた運動座標系の原点の位置ベクトルを $\boldsymbol{r}_0$，運動系における質点の位置ベクトルを $\boldsymbol{r}'$ としたとき，運動座標系に対する運動方程式は

$$m\frac{d^{*2}\boldsymbol{r}'}{dt^2}=\boldsymbol{F}-m\frac{d^2\boldsymbol{r}_0}{dt^2}-2m\boldsymbol{\omega}\times\frac{d^*\boldsymbol{r}'}{dt}$$
$$-m\boldsymbol{\omega}\times(\boldsymbol{\omega}\times\boldsymbol{r}')-m\dot{\boldsymbol{\omega}}\times\boldsymbol{r}' \tag{8.13}$$

となる．ここで右辺の第 1 項は外力，第 2 項は原点の加速度による慣性力，第 3 項は**コリオリの力**，第 4 項は**遠心力**，最後の項は回転の加速度によるみかけの力を表わす．

遠心力は次のように解釈される．質点が回転している座標系に対して静止している場合は慣性系に対して円運動をしている．このとき円運動を保たせる向心力が必要であり，遠心力はこれと釣り合うとみなせる．

慣性系でみると直線運動をする質点も回転系でみるとその回転と逆の向きに曲がっていくように見える．この運動がみかけの力によるものとみなしたときの力がコリオリの力である．

例題 8.5 長さ $2a$ のなめらかな管の中央に管と垂直に軸をとりつけ全体を角速度 ω で回転させる．管の一端から速度 v_0 で質量 m の質点を管の内部に打ち込んだとき，質点が管の中央まで達するためには v_0 はどのような条件を満足しなければならないか．軸を原点にとり管に沿って x' 軸，それと垂直に y' 軸を選ぶ回転座標系で考えよ．管の中央に達するまで，質点は管壁から $-y'$ 方向の抗力を受けることを示せ．

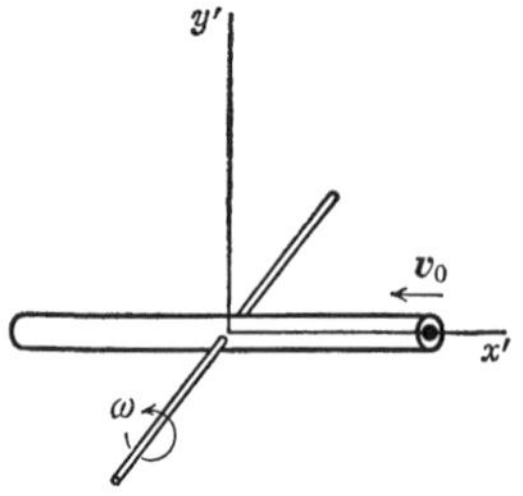

［解］ 回転系でみた質点の運動方程式は

$$m\frac{d^2x'}{dt^2} = m\omega^2 x' \quad (1), \qquad 0 = -2m\omega\frac{dx'}{dt}+S \quad (2)$$

である．速度成分は x' 方向のみであるから，x' 方向の運動方程式にコリオリの力 $2m\omega\cdot(dy'/dt)$ は現われず，また y' 座標はつねに 0 であるから y' 方向の運動方程式に遠心力は入らない．管がなめらかであるから管の抗力 S は y' 成分のみをもつ．また，相対導関数の $*$ は省略した．

(1)の解は A と B を定数として

$$x' = Ae^{\omega t}+Be^{-\omega t}$$

と書くことができる．$t=0$ で $x'=a$, $dx'/dt=-v_0$ より A と B および(1)の解が次のように決まる．

$$A = -\frac{v_0}{2\omega}+\frac{a}{2}, \qquad B = \frac{v_0}{2\omega}+\frac{a}{2}$$

$$x' = a\cosh\omega t-\frac{v_0}{\omega}\sinh\omega t \qquad (3)$$

$$= a\cosh\omega t\left(1-\frac{v_0}{a\omega}\tanh\omega t\right)$$

管の中央 ($x'=0$) に達する時間は $\tanh\omega t=a\omega/v_0$ を満足する t である．$|\tanh\omega t|\leqq 1$ であるから上式を満たす t が存在するためには，$a\omega/v_0\leqq 1$ つまり $v_0\geqq a\omega$ でなければならない．

(3)を(2)に代入して抗力 S

$$S = 2m\omega v_0\cosh\omega t\left(-1+\frac{a\omega}{v_0}\tanh\omega t\right)$$

は $v_0>a\omega$ の条件のもとでは $S<0$ である．抗力はつねに $-y'$ 方向にはたらく．

例題 8.6　内部にバネを固定した管を角速度 ω で回転させる．バネの伸びから管の先端の速さを求める公式を導け．ただし，静止しているとき，支点 O からバネのおもり(質量 m)までの距離を a とし，回転によるバネの伸び Δa は a に比べ充分小さいものとせよ．また，管の先端の速さはおもりの速さをさすものとせよ．つぎに，$a \gg \Delta a$ の仮定を用いずに同様の公式を導け．

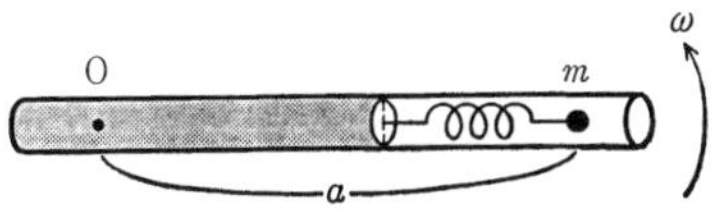

［**解**］　管の回転による遠心力とバネの力が釣り合うとおもりは支点 O から $a+\Delta a$ の位置で安定する．釣り合いの条件はバネ定数を k とすると

$$m(a+\Delta a)\omega^2 = k\Delta a \tag{1}$$

である．$\Delta a \ll a$ を仮定すると左辺の $a+\Delta a$ は a とおくことができる．このとき，速さ v は $a\omega$ に等しい．したがって

$$v = \sqrt{\frac{ka}{m}\Delta a} \equiv v_0 \tag{2}$$

が得られる．

$\Delta a \ll a$ の仮定をはずすと $v=(a+\Delta a)\omega$ および(1)から

$$v = v_0\sqrt{1+\frac{\Delta a}{a}}$$

となる．(2)で得た速さを v_0 として用いた．

［**注意**］　ゴルフのクラブを振ったとき，ヘッドの速さを測る簡単な装置に上述の原理を使ったものがある．ただし，この装置にはバネが伸びた位置でおもりが停止するようにストッパーが取り付けられ，スイングのあとに速さが読み取れる仕掛けになっている．

問　題 8-4

[1]　角速度 ω で回転する円板の中心から a だけ離れた位置に質量 m，半径 l，高さ $2h$ の小さな円筒が立っている．円筒と円板の間の摩擦係数を μ とするとき，物体が遠心力によって動き出す前に円筒が倒れるにはどのような条件が必要か．

8-5　地球表面近くでの運動

地球表面近くでの物体の運動を図8-2のような座標系で考える．鉛直上方に z 軸，これと垂直な水平面内で南方へ x 軸，東方へ y 軸をとる．運動座標系であるがダッシュはすべて省いて書くことにする．z 軸方向にはたらくみかけの重力(地球の引力と地球の自転による遠心力の和)を $-mg$ と書く．鉛直線が赤道面となす角を λ(地理緯度という)とし，自転の角速度の大きさを ω とすると，角速度の成分は

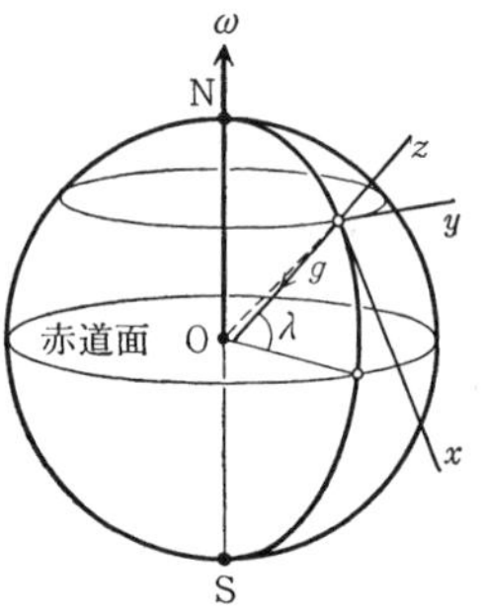

図 8-2

$$\omega_x = -\omega\cos\lambda, \qquad \omega_y = 0, \qquad \omega_z = \omega\sin\lambda \tag{8.14}$$

である．このとき，$\boldsymbol{\omega}\times(d\boldsymbol{r}/dt)$ の x, y, z 成分は

$$-\omega\sin\lambda\frac{dy}{dt}, \qquad \omega\cos\lambda\frac{dz}{dt}+\omega\sin\lambda\frac{dx}{dt}, \qquad -\omega\cos\lambda\frac{dy}{dt} \tag{8.15}$$

となる．ただし，$d^*\boldsymbol{r}/dt$, d^*x/dt などを $d\boldsymbol{r}/dt$, dx/dt と書いた．したがって，運動方程式は

$$\boxed{\begin{aligned} m\frac{d^2x}{dt^2} &= X+2m\omega\sin\lambda\frac{dy}{dt} \\ m\frac{d^2y}{dt^2} &= Y-2m\omega\left(\sin\lambda\frac{dx}{dt}+\cos\lambda\frac{dz}{dt}\right) \\ m\frac{d^2z}{dt^2} &= Z-mg+2m\omega\cos\lambda\frac{dy}{dt} \end{aligned}} \tag{8.16}$$

となる．ここで，X, Y, Z は重力以外の外力の成分を表わす．上式の右辺で，X, Y, Z, mg のほかの項は地球の自転によるコリオリの力である．この運動方程式は地球表面に選んだ原点から質点までの距離が，地球の半径に比べ十分小さい場合に成り立つ．

例題 8.7 なめらかな平面上を運動する質点の軌道はコリオリの力のため北半球では右にずれることを示せ．ただし，x, y 方向の初速度を u_0, v_0 とし，短時間 $(\omega t \ll 1)$ の運動を考えよ．

［**解**］ 質点にはたらく力はコリオリの力のみであるから運動方程式は

$$m\frac{d^2x}{dt^2} = m\Omega\frac{dy}{dt}, \qquad m\frac{d^2y}{dt^2} = -m\Omega\frac{dx}{dt}$$

によって与えられる．ここで，$\Omega = 2\omega\sin\lambda$ である．第 2 式に i をかけて第 1 式と和を作り，$\xi = x+iy$ とおくと

$$\frac{d^2\xi}{dt^2} = -i\Omega\frac{d\xi}{dt}$$

が得られる．積分をして，積分定数を A(一般には複素数)とおくと

$$\frac{d\xi}{dt} = A\exp(-i\Omega t)$$

となる．$A = |A|\exp(-i\theta)$ として，上式を実数部と虚数部に分けると

$$\frac{dx}{dt} = |A|\cos(\Omega t+\theta), \qquad \frac{dy}{dt} = -|A|\sin(\Omega t+\theta)$$

である．初期条件から $|A|\cos\theta = u_0$，$-|A|\sin\theta = v_0$ と決まる．三角関数の加法定理および $\sin\Omega t \cong \Omega t$, $\cos\Omega t \cong 1$ を用いると上式は

$$\frac{dx}{dt} \cong u_0 + v_0\Omega t, \qquad \frac{dy}{dt} \cong v_0 - u_0\Omega t$$

と近似できる．さらに積分して，$t=0$ で $x=y=0$ とすれば

$$x = u_0t + \omega v_0t^2\sin\lambda, \qquad y = v_0t - \omega u_0t^2\sin\lambda$$

が得られる．

北半球では $\sin\lambda > 0$ であるから質点の軌道は右にずれ，南半球では $(\sin\lambda < 0)$ 逆に左にずれる．

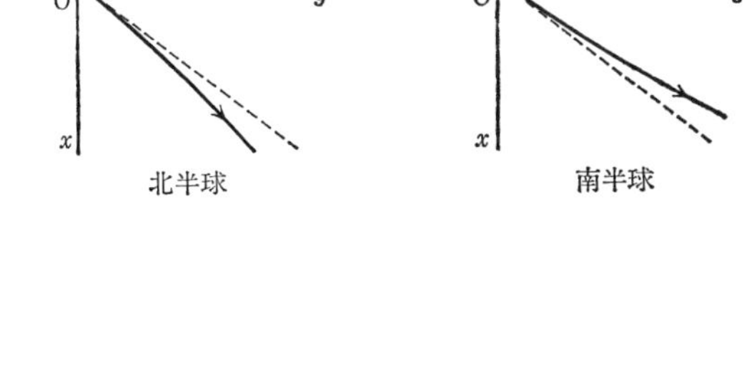

問 題 8-5

[1] 低気圧に流れ込む気流の向きはコリオリの力のために等圧線に垂直にならない．北半球では等圧線に垂直に流れ込む気流は右にずれるから，低気圧のまわりを左回り(反時計回り)に流れる．南半球では逆に右回りである．簡単のため気流は低気圧のまわりをほぼ円に沿って運動すると仮定しよう．このとき，コリオリの力は高気圧と低気圧の圧力差による力を打ち消すようにはたらくことを示せ．

[2] 速度 v_0 で真上に投げ上げられた物体が地上に落下するとはじめの位置から西にずれることを示せ．

[3] 高さ h の塔から自由落下する物体はコリオリの力のために鉛直下方から東にずれる．一方，真上に投げ上げられた物体は地上に落下すると西にずれる．同じコリオリの力を受けるにもかかわらず，ずれ方が逆になるのはなぜだろうか．理由を述べよ．

[4] 地上から南に初速度 u_0，鉛直上方に初速度 v_0 で打ち上げられた物体の軌道を求めよ．地上に落ちたとき東西方向にどれだけずれるか．東京 ($\lambda=35°43'$) から南北方向に打ち上げられた物体が東西方向にずれないためには打ち上げ角度をどのように選べばよいか．また，東京から南に仰角 45° で打ち上げられた物体が 30 km 先に落下するとき，東西方向にどれだけずれるか．

問題解答

第 1 章

問題 1-1

[1]

$$\boldsymbol{r}_1+\boldsymbol{r}_2=\begin{pmatrix}x_1\\y_1\\z_1\end{pmatrix}+\begin{pmatrix}x_2\\y_2\\z_2\end{pmatrix}=\begin{pmatrix}x_1+x_2\\y_1+y_2\\z_1+z_2\end{pmatrix}$$

$$\boldsymbol{r}_1+\boldsymbol{r}_2+\boldsymbol{r}_3=\begin{pmatrix}x_1+x_2\\y_1+y_2\\z_1+z_2\end{pmatrix}+\begin{pmatrix}x_3\\y_3\\z_3\end{pmatrix}=\begin{pmatrix}x_1+x_2+x_3\\y_1+y_2+y_3\\z_1+z_2+z_3\end{pmatrix}$$

[2]　点 P_1, P_2 が xy 平面内にある場合(例題 1.2 の図 1)を考える．点 Q の座標は (x_1+x_2, y_1+y_2) であるから，ベクトル $\overrightarrow{P_1Q}$ の x 軸成分は $(x_1+x_2)-x_1=x_2$ であり，y 軸成分は $(y_1+y_2)-y_1=y_2$ である．これらは，$\boldsymbol{r}_2$ の成分 (x_2, y_2) と等しい．したがって，$\overrightarrow{P_1Q}=\boldsymbol{r}_2$ である．$\overrightarrow{P_2Q}$ の x 軸，y 軸方向の成分は，同様にして，x_1 および y_1 であることがわかる．ゆえに，$\overrightarrow{P_2Q}=\boldsymbol{r}_1$.

P_1, P_2 が xy 平面にないときには，同じく例題 1.2 の図 2 のような射影を考えればよい．xy 平面への射影からベクトル $\overrightarrow{P_1Q}$ の x 成分は x_2，y 成分は y_2 である．yz 平面への射影から同様に，$\overrightarrow{P_1Q}$ の y 成分，z 成分はそれぞれ，y_2 と z_2 である．したがって，$\overrightarrow{P_1Q}$ の成分 (x_2, y_2, z_2) は，ベクトル $\boldsymbol{r}_2$ の成分に等しい．つまり，$\overrightarrow{P_1Q}=\boldsymbol{r}_2$ である．同じようにして $\overrightarrow{P_2Q}=\boldsymbol{r}_1$ であることも確かめられる．

[3]　ベクトル $\boldsymbol{r}$ の x 成分は問題の図[3]から x_2-x_1 である．y, z 成分も同様に y_2-y_1,

z_2-z_1 である．これらは2つのベクトルの差 $\boldsymbol{r}_2-\boldsymbol{r}_1$ の各成分に等しい．ゆえに，$\boldsymbol{r}=\boldsymbol{r}_2-\boldsymbol{r}_1$ を得る．$\boldsymbol{r}_1-\boldsymbol{r}_2$ は点 P_2 から P_1 へ引いたベクトルを表わす．

[4] OP の x 軸方向の長さは $r\cos\varphi$，y 軸方向の長さは $r\sin\varphi$ であるから，$x=r\cos\varphi$，$y=r\sin\varphi$ である．

問題 1-2

[1] $v=dx/dt=a-2bt$．したがって，$t=a/2b$ で速度 v は0になる．一方

$$x = at-bt^2 = -b\left(t-\frac{a}{2b}\right)^2+\frac{a^2}{4b} \leqq \frac{a^2}{4b}$$

によって，$v=0$ になる $t=a/2b$ で位置 x は最大となり，最大値 $a^2/4b$．

[2]
$$\frac{d}{dt}\sin at = \frac{1}{2i}(iae^{iat}+iae^{-iat}) = a\frac{e^{iat}+e^{-iat}}{2} = a\cos at$$

$$\frac{d}{dt}\cos at = \frac{1}{2}(iae^{iat}-iae^{-iat}) = -a\frac{e^{iat}-e^{-iat}}{2i} = -a\sin at$$

[3] $v=-a\omega\sin\omega t$．右図．

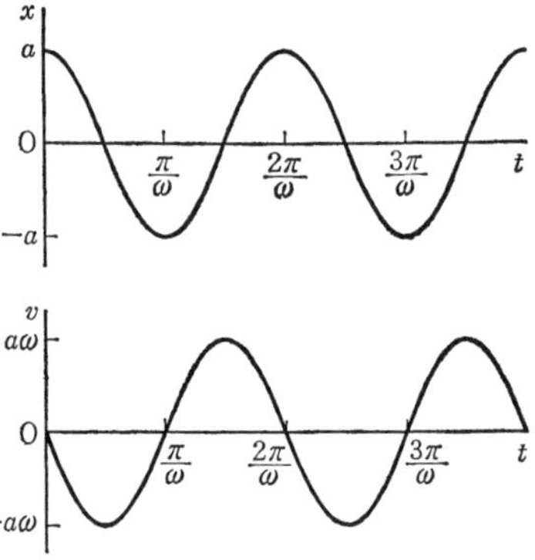

問[3]

[4] $x=a\cos\omega t$，$y=a\sin\omega t$．したがって $v_x=-a\omega\sin\omega t$，$v_y=a\omega\cos\omega t$．よって，$v=\sqrt{v_x{}^2+v_y{}^2}=\sqrt{a^2\omega^2(\sin^2\omega t+\cos^2\omega t)}=a\omega=$一定．ここで，公式 $\sin^2 x+\cos^2 x=1$ を用いた．

問題 1-3

[1] $x=\int_{t_0}^{t}(v_0-at)dt=\int_{t_0}^{t}v_0dt-a\int_{t_0}^{t}tdt=v_0t-\frac{a}{2}t^2+C$．$C$ は t_0 によって決まる定数．

[2] $x=\int_{t_0}^{t}a\cos\omega tdt=\frac{a}{\omega}\sin\omega t+C$（$C$ は t_0 によって決まる定数）．$t=T$ および $t=T+2n\pi/\omega$ における x の値を x_1, x_2 とすると

$$x_1 = \frac{a}{\omega}\sin\omega T+C, \qquad x_2 = \frac{a}{\omega}\sin(\omega T+2n\pi)+C$$

正弦関数は周期 2π の関数であるから，n が整数であれば x_2 は x_1 に等しい．$x_2=x_1$ は次のように証明することもできる．三角関数の加法定理

$$\sin(\omega T+2n\pi) = \sin\omega T\cos 2n\pi+\cos\omega T\sin 2n\pi$$

および $\cos 2n\pi=1$，$\sin 2n\pi=0$ から，$\sin(\omega T+2n\pi)=\sin\omega T$．ゆえに，$x_2=x_1$．

[3] $x=\exp(at)$のとき $dx/dt=a\exp(at)$，$d^2x/dt^2=a^2\exp(at)$．ゆえに，$d^2x/dt^2=a^2x$．$x=\exp(-at)$のときも同様．

[4] $x=\sin\omega t$ のとき $dx/dt=\omega\cos\omega t$，$d^2x/dt^2=\omega\frac{d}{dt}\cos\omega t=-\omega^2\sin\omega t$．ゆえに $d^2x/dt^2=-\omega^2x$，$x=\cos\omega t$ についても同様．

第 2 章

問題 2-1

[1] 引く力をゆっくりと強くする場合，下の糸に張力 T がかかったとすると，上の糸にはその張力におもりの重さを加えた張力がかかる．上の糸の張力が大きいから，引く力がある限度以上強くなると，上の糸が切れる．急激に強く糸を引くと，おもりは慣性のため動きにくいので，前の場合とは逆に，下の糸の張力が上の糸より大きくなる．つまり，おもりの慣性が上の糸に加わる衝撃力を吸収する役目をする．したがって，下の糸が切れる．

[2] (iv).

問題 2-2

[1] 加速度は $d^2x/dt^2=dv/dt=-ab\exp(-bt)=-bv$．ゆえに，力は $-mbv$ と表わされ，速度 v に比例し，速度の向きと反対方向にはたらく．このような力としては，速度に比例する摩擦力などがある．

[2] 前問と同様に計算すると，加速度は $dv/dt=ab\exp(-bt)=ab-bv$ である．したがって，力 F は $F=mab-mbv$ となる．この力は2つの成分からなる．1つは一定の力 mab であり，他は速度に比例する摩擦力 $-mbv$ である．

[3] 速度 v と加速度 α は $v=dx/dt=2at+b$，$\alpha=dv/dt=2a$ となる．$t=0$ における x と v の値は，それぞれ $x(0)=c$，$v(0)=b$ である．したがって，係数 c は $t=0$ における位置，b は $t=0$ の速度をそれぞれ表わしている．例題2.2の $x=at^2$ の場合，$t=0$ のとき物体の位置 x も速度 v もともに0である．速度は x-t グラフの傾き dx/dt であることに注意すると，問題の図の各曲線から，どのような初期条件($t=0$ における x と v の値)から出発しているかを簡単に読み取ることができる．

[4] 速度と加速度は，それぞれ

$$\frac{dx}{dt}=-a\sqrt{\frac{k}{m}}\sin\left(\sqrt{\frac{k}{m}}t\right),\qquad \frac{d^2x}{dt^2}=-a\frac{k}{m}\cos\left(\sqrt{\frac{k}{m}}t\right)$$

である．加速度に含まれている余弦関数を位置 x によって表わすと，力 F は $F=-kx$

となる．$x>0$ のとき $F<0$ で，力は負の向きにはたらき，$x<0$ のとき $F>0$ で，正の向きにはたらく．このような力は，物体を $x=0$ に引き戻そうとする復元力である．

問題 2–3

[1] サッカーボールを足で蹴ると反作用で足にショックを感じる．壁をゲンコツでたたくと，手に痛みを感じる，等々．

2

[2] (i) $m_1=m_2=m$ とすると $\boldsymbol{r}_G=(\boldsymbol{r}_1+\boldsymbol{r}_2)/2$ となる．これは，2つのベクトルの和 $\boldsymbol{r}_1+\boldsymbol{r}_2$ の 1/2 であり，原点Oと2つのベクトルの先端を結ぶ直線の中点とを結ぶベクトルを表わす．

(ii) $m_1 \gg m_2$ のとき，$m_1+m_2 \cong m_1$ から

$$\boldsymbol{r}_G \cong \boldsymbol{r}_1+\frac{m_2}{m_1}\boldsymbol{r}_2 \cong \boldsymbol{r}_1$$

となり，重心の位置ベクトルはベクトル $\boldsymbol{r}_1$ にほぼ等しい．

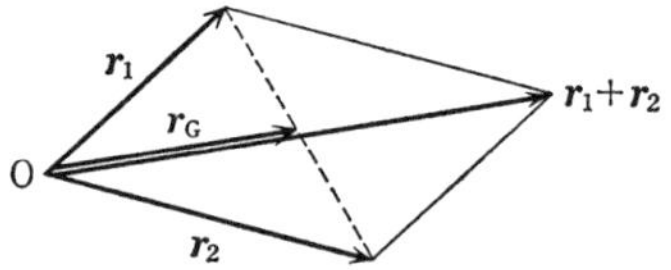

問[2]

[3] 重心の位置ベクトルを書き改めると

$$\boldsymbol{r}_G=\frac{m_1(\boldsymbol{r}_1-\boldsymbol{r}_2)+(m_1+m_2)\boldsymbol{r}_2}{m_1+m_2}=\frac{m_1}{m_1+m_2}(\boldsymbol{r}_1-\boldsymbol{r}_2)+\boldsymbol{r}_2 \tag{1}$$

となる．$\boldsymbol{r}_1-\boldsymbol{r}_2$ は問題 1–1 問[3]で示したように，ベクトル $\boldsymbol{r}_2$ の先端からベクトル $\boldsymbol{r}_1$ の先端に引いたベクトルである．そのベクトルの係数は $m_1 \gg m_2$ のとき ～1，$m_1 \ll m_2$ のとき ～0，つまり $0 \leqq m_1/(m_1+m_2) \leqq 1$ である．したがって，(1)の右辺第1項は $\boldsymbol{r}_2$ の先端から $\boldsymbol{r}_1$ の先端に向かうベクトルで，長さは $|\boldsymbol{r}_2-\boldsymbol{r}_1|$ に等しいか，それより短かい．これに(1)の右辺第2項の $\boldsymbol{r}_2$ を加えると，$\boldsymbol{r}_G$ の先端は，$\boldsymbol{r}_1$ と $\boldsymbol{r}_2$ を結ぶ直線上にあり，かつ，2つのベクトルにはさまれている．

[4] 運動量の保存則から $m_1v_1+m_2v_2=(m_1+m_2)v$ (v は一体となったあとの速度)．ゆえに，

$$v=\frac{m_1v_1+m_2v_2}{m_1+m_2}$$

これは衝突前の重心の速度に等しい．合体した後は，衝突前の重心の速度で運動する．

衝突後 $v=0$ になったとすると

$$\frac{v_2}{v_1}=-\frac{m_1}{m_2}$$

である．m_2 は m_1 の運動と反対向きに，速さ $v_2=m_1v_1/m_2$ で衝突すれば，合体後静止する．

問題 2–4

[1] 壁に平行方向の速度は衝突の前後で変わらず $v\sin\theta$ である．垂直方向の速度は衝突前が $-v\cos\theta$，衝突後は $v\cos\theta$ であるから，物体の運動量の変化は $2mv\cos\theta$ となる．壁の受ける力積の大きさは，作用・反作用の法則からこれに等しい．力積は $\theta=0$ すなわち物体が垂直に壁に当るとき最大になる．

[2] 1個のタマの運動量の変化は $0.03\times 350=10.5$ kg·m/s である．1秒間に当るタマの数は 800/60 発だから $F\Delta t=10.5\times 40/3=140$，$\Delta t=1$ s より，$F=140$ N $=14.3$ kg 重．

[3] 速度の変化は v m/s，1秒当りの水の流入量は ρAv kg であるから $F\Delta t=\rho Av^2$ となる．$\Delta t=1$ s より，$F=\rho Av^2$ N．

[4] 高さ h から物体を静かに落とすと，$\sqrt{2gh}$ の速度を得る．ボールが大理石にぶつかる直前の速さ v_1 は 8.81 m/s，直後の速さ v_2 は 5.24～5.33 m/s である．したがって

$$e = \frac{v_2}{v_1} = 0.595\sim 0.605$$

となり，反発係数 e として $0.6-0.05\leqq e\leqq 0.6+0.05$ を得る．

第 3 章

問題 3–1

[1] $y=-\frac{1}{2}gt^2$，$v=-gt$．t を消去すると $v^2=-2gy$ を得る．h だけ落下すると $y=-h$ であるから，$v^2=2gh$ となり，速さは $\sqrt{2gh}$.

[2] 例題 3.1 で求めた

$$y = -\frac{1}{2}g\left(t-\frac{v_0}{g}\right)^2+\frac{1}{2}\frac{{v_0}^2}{g}+y_0$$

に，$y=0$，$y_0=-h$，および最高点に達する時間 $t=v_0/g$ を代入し $v_0=\sqrt{2gh}$ を得る．

[3] u で書いた運動方程式の解は

$$\log u+C = -\frac{b}{m}t$$

である．$t=0$ で $v=0$ を使うと，$t=0$ で $u=mg/b$ である．ゆえに，積分定数は $C=-\log(mg/b)$ と決められ，

$$u = \frac{mg}{b}\exp\left(-\frac{b}{m}t\right)$$

を得る．これを v で書くと速度が

$$v = \frac{mg}{b}\left\{\exp\left(-\frac{bt}{m}\right)-1\right\}$$

と求められる．十分時間がたつと$(t\to\infty)$，終りの速度$v_\infty=-mg/b$に近づく．

[4] (i) 投げ上げられたとき，抵抗は鉛直下方にはたらくから，運動方程式は物体の質量をmとして

$$m\frac{dv}{dt} = -mg-bv^2$$

(ii) 落下する物体には鉛直上方に抵抗がはたらき，

$$m\frac{dv}{dt} = -mg+bv^2$$

が運動方程式となる．一定速度で落下すると$dv/dt=0$であるから$v_\infty{}^2=mg/b$．ゆえに，$v_\infty=-\sqrt{mg/b}$.

3

問題 3-2

[1] 斜面に沿って下向きにx軸をとると

$$x = \frac{1}{2}gt^2\sin\theta$$

となる．$\sin 10°\cong 0.174$，$\sin 20°\cong 0.348$であるから，$t=0.5$のとき，傾きが$10°$の場合$x=0.213$ m，$20°$の場合$x=0.426$ mを得る．すなわち，車が後戻りする距離は約20 cm，および40 cmである．

[2] 斜面に平行上向きにx軸を選ぶと

$$v = v_0-gt\sin\theta, \qquad x = v_0t-\frac{1}{2}gt^2\sin\theta$$

である．速度が0になる時間は$t=v_0/(g\sin\theta)$である．これを上の第2式に代入して

$$x = \frac{v_0{}^2}{2g\sin\theta}$$

を得る．このとき高さhは$x\sin\theta$に等しい．ゆえに，$h=v_0{}^2/2g$となる．これは速度v_0で鉛直上方に投げ上げた物体が到達する高さに等しい．

[3] 物体の運動方向にx軸をとると

$$v = v_0-\mu' gt, \qquad x = v_0t-\frac{1}{2}\mu' gt^2$$

となる．この第1式から$T=v_0/\mu' g$，第2式から$X=v_0{}^2/2\mu' g$を得る．Xは$v_0{}^2$に比例する．

[4] 運動方程式は

$$m\frac{dv}{dt} = -m\mu'(1-av)g$$

である．この微分方程式は問題3-1 問[3]と同じ方法を用い，$1-av$をuとおいて解く

ことができる．結果は

$$v = \frac{1}{a} - \frac{1-av_0}{a}\exp(a\mu' gt) \tag{1}$$

である．これをもう一度積分すると

$$x = \frac{t}{a} - \frac{1-av_0}{a^2\mu' g}\{\exp(a\mu' gt)-1\} \tag{2}$$

を得る．(1)と(2)で，$t=0$ で $v=v_0, x=0$ を使った．速度が 0 になる時間を T，その間に車が進む距離を X とすると(1), (2)から

$$T = -\frac{1}{a\mu' g}\log(1-av_0), \qquad X = -\frac{1}{a^2\mu' g}\{av_0+\log(1-av_0)\}$$

となる．(1), (2)は $0 \leqq t \leqq T$ の範囲で成立し，$t>T$ では $v=0$，$x=X$ が解である．

問題 3-3

[1] 第 1 の解とその時間微分

$$v = \omega A\cos\omega t - \omega B\sin\omega t$$

に $t=0$ を代入し，$x_0=B$，$v_0=\omega A$ を得る．ゆえに(1)が初期条件を満足する解である．

第 2 の解の時間微分を作ると

$$v = a_1\omega\cos(\omega t+\delta_1)$$

である．$t=0$ では $x_0=a_1\sin\delta_1$，$v_0=a_1\omega\cos\delta_1$ である．つまり，$a_1\sin\delta_1=x_0$，$a_1\cos\delta_1=v_0/\omega$ を得る．

また加法定理を用いると

$$x = a_1\cos\delta_1\sin\omega t + a_1\sin\delta_1\cos\omega t$$

となる．これに $a_1\sin\delta_1$，$a_1\cos\delta_1$ を代入すると(1)になる．

第 3 の解からも同様に $a_2\cos\delta_2=x_0$，$a_2\sin\delta_2=-v_0/\omega$ を得る．これと解を組み合わせると(1)が導かれる．

[2] 問題の図の点 A, C, E, G で x は極値をとるから，傾きは 0 である．また点 B, F で負の傾きを，点 D, H で正の傾きをもち，それらの点で傾きの大きさ(絶対値)は最大である．以上から，速度は右図に示した変化をする．これは $-\sin\omega t$ に比例することがわかる．

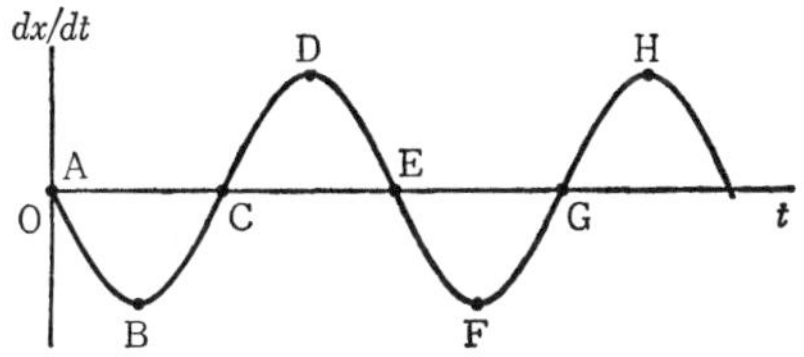

問[2]

[3] x 方向には $-S\sin\theta$ の力が，y 方向には $S\cos\theta-mg$ の力がはたらくから，運動方程式は

$$m\frac{d^2x}{dt^2} = -S\sin\theta, \qquad m\frac{d^2y}{dt^2} = S\cos\theta - mg$$

小さな振れに対し，y の変化は小さいことは問題の図から明らかであろう．したがって，上の第2式の左辺は0における．さらに，$\sin\theta \cong \theta$，$\cos\theta \cong 1$ の近似を用いると第2式から $S=mg$ となり，これを第1式に代入し，$x \cong l\theta$ に注意すると，運動方程式を求めることができる．

[4] 前問の運動方程式から角振動数 ω は $\omega=\sqrt{g/l}$，振動数 ν は $\nu=\omega/2\pi$，周期 T は $T=1/\nu$ であるから

$$T = \frac{2\pi}{\omega} = 2\pi\sqrt{\frac{l}{g}}$$

を得る．$l=1.0$ m，$g=9.8$ m/s^2 を代入し $T \cong 2.0$ s になるが，上式にこの $T\cong 2$ と $l=1$ を入れると $\sqrt{9.8} \cong \pi$ であることがわかる．$\sqrt{10}$ の値もほぼ π に等しい．この数値を覚えておくと便利である．

問題 3-4

[1] ボールの質量 m は 0.145 kg，速度 v は 36.1 m/s であるから，運動エネルギーは

$$\frac{1}{2}mv^2 = \frac{1}{2}\times 0.145\times(36.1)^2 = 94.5\ \mathrm{J}$$

となる．これを150倍すると 14200 J，つまり 3400 cal である．牛肉1gのカロリーは 1500 cal であるから，このエネルギーは牛肉 2.27 g に相当する．

[2] $$m\frac{dx}{dt}\frac{d^2x}{dt^2} + kx\frac{dx}{dt} = \frac{d}{dt}\left\{\frac{m}{2}\left(\frac{dx}{dt}\right)^2 + \frac{k}{2}x^2\right\} = 0$$

ゆえに，

$$\frac{1}{2}mv^2 + \frac{1}{2}kx^2 = E = \text{一定}$$

を得る．左辺第1項は運動エネルギー，第2項は位置エネルギーを表わし，両者の和は一定である．相平面上の軌道は上式において $a^2=2E/m$，$b^2=2E/k$ と書くと

$$\frac{v^2}{a^2} + \frac{x^2}{b^2} = 1$$

となる．これは x 軸と $\pm b$ で交わり，v 軸と $\pm a$ で交わる楕円を表わす．運動方程式から，$x>0$ のとき $dv/dt<0$，$x<0$ のとき $dv/dt>0$ という関係が得られ，このことから運動の方向は

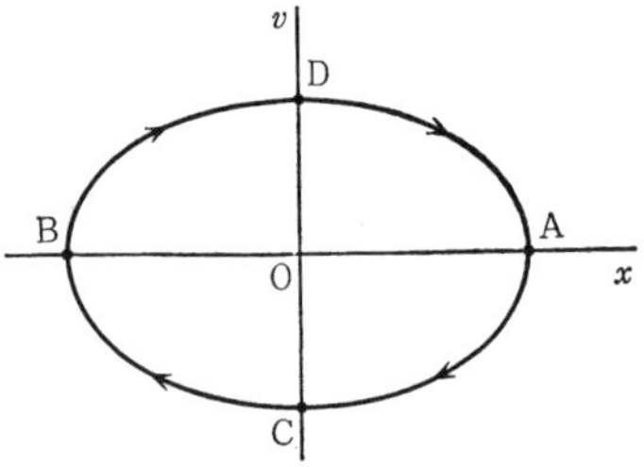

問[2]

時計回りであることがわかる．相平面の点 A(B)では速度が 0 で位置は最大値(最小値)をとっている．これはバネが最も伸びている(縮んでいる)状態を表わしている．点 C(D)では位置は 0 で速度が正(負)の最大値になっている．バネは自然長で，質点はバネを伸ばす(縮める)方向に運動している．エネルギーが 2 倍になると軌道の大きさは $\sqrt{2}$ 倍になる．

[3] $U = -\int_0^x \left(-kx+k\dfrac{x^2}{a}\right)dx = \dfrac{k}{2}x^2 - \dfrac{k}{3a}x^3$

このポテンシャルは $x=0$ で極小値 0，$x=a$ で極大値 $ka^2/6$ をとる．ポテンシャルの図から(下図左)，振動運動をするためには，$t=0$ におけるエネルギー E(位置エネルギーと運動エネルギーの和)が $0<E<ka^2/6$ にあり，しかも，物体は $-a/2<x<a$ に存在しなければならない．

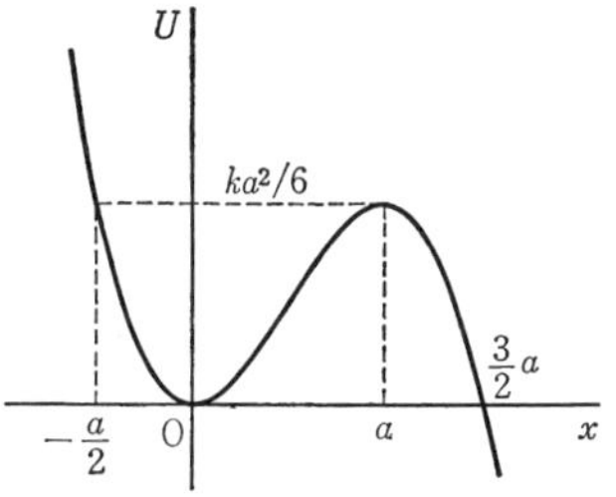

問[3]

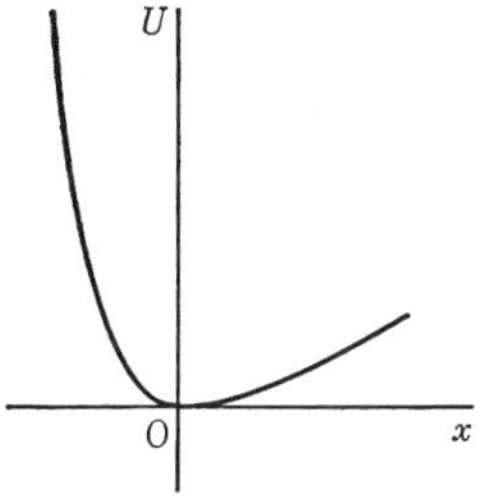

問[4]

[4] $x\to+\infty$ のとき $U(x)\cong ax$，$x\to-\infty$ のとき $U(x)\cong(a/b)e^{-bx}$ となり，ポテンシャルは上図(右)のようになる．小さな x に対して指数関数を展開するとポテンシャルは

$$U(x) \cong \frac{ab}{2}x^2$$

と近似できる．したがって質点にはたらく力は

$$f = -\frac{dU}{dx} \cong -abx$$

によって与えられ，運動方程式は

$$m\frac{d^2x}{dt^2} = -abx$$

となる．これは振動する解を持つ．初期条件を満足するものは

$$x = x_0 \cos\left(\sqrt{\frac{ab}{m}}t\right)$$

である．

問題 3-5

[1] $\sin\alpha\cos\beta+\cos\alpha\sin\beta=\frac{1}{4i}\{(e^{i\alpha}-e^{-i\alpha})(e^{i\beta}+e^{-i\beta})+(e^{i\alpha}+e^{-i\alpha})(e^{i\beta}-e^{-i\beta})\}$

$$=\frac{1}{2i}(e^{i(\alpha+\beta)}-e^{-i(\alpha+\beta)})=\sin(\alpha+\beta).$$

$$\cos\alpha\cos\beta-\sin\alpha\sin\beta=\frac{1}{4}\{(e^{i\alpha}+e^{-i\alpha})(e^{i\beta}+e^{-i\beta})+(e^{i\alpha}-e^{-i\alpha})(e^{i\beta}-e^{-i\beta})\}$$

$$=\frac{1}{2}(e^{i(\alpha+\beta)}+e^{-i(\alpha+\beta)})=\cos(\alpha+\beta).$$

3

第1式，第2式で $\alpha=\beta=\theta$ とおくと $\sin 2\theta=2\sin\theta\cos\theta$，$\cos 2\theta=\cos^2\theta-\sin^2\theta$ を得る．

[2] 放物体の運動を表わす式から最高点の座標 $(x_{\rm m}, y_{\rm m})$ は

$$x_{\rm m}=\frac{v_{x_0}v_{y_0}}{g},\qquad y_{\rm m}=\frac{{v_{y_0}}^2}{2g}$$

と求められる．$v_{x_0}=v_0\cos\theta_0$，$v_{y_0}=v_0\sin\theta_0$ を上式に代入し，前問の三角関数の公式を用いると

$$x_{\rm m}=\frac{{v_0}^2\sin 2\theta_0}{2g},\qquad y_{\rm m}=\frac{{v_0}^2}{2g}\frac{1-\cos 2\theta_0}{2}$$

を得る．公式 $\sin^2 2\theta_0+\cos^2 2\theta_0=1$ に代入して

$$\frac{{x_{\rm m}}^2}{({v_0}^2/2g)^2}+\left(1-\frac{y_{\rm m}}{{v_0}^2/4g}\right)^2=1$$

となる．これは中心が $(0, {v_0}^2/4g)$ で長軸半径 ${v_0}^2/2g$，短軸半径 ${v_0}^2/4g$ の楕円を表わす(右図)．

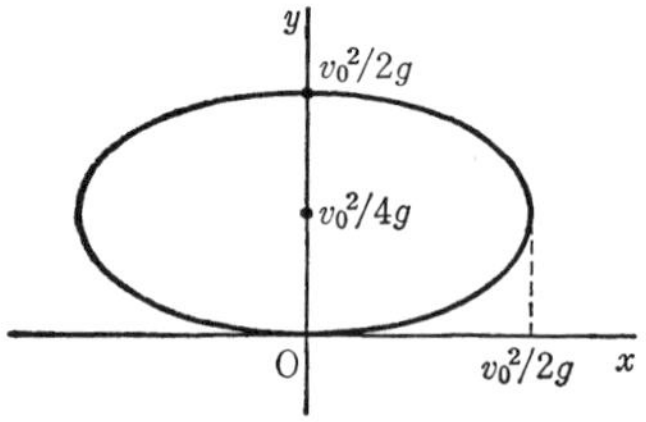

問[2]

[3] 水平方向(x 方向)と鉛直方向(y 方向)の位置は

$$x=v_{x_0}t,\qquad y=v_{y_0}t-\frac{1}{2}gt^2$$

で与えられる．$y=0$ になる時間を T とおくと

$$T=\frac{2v_{y_0}}{g}=\frac{2v_0}{g}\sin\theta_0 \tag{1}$$

であるから，この間に物体が移動する水平距離 X は

$$X=\frac{2v_{x_0}v_{y_0}}{g}=\frac{2}{g}{v_0}^2\sin\theta_0\cos\theta_0 \tag{2}$$

となる．(1), (2)から初速 v_0 を消去して

$$\tan\theta_0=\frac{gT^2}{2X}\quad あるいは\quad \theta_0=\tan^{-1}\left(\frac{gT^2}{2X}\right)$$

[4] 水平方向(x 方向)と鉛直方向(y 方向)の速度と位置は

$$v_x = v_{x_0}e^{-\beta t}, \qquad v_y = -\frac{g}{\beta}+\left(v_{y_0}+\frac{g}{\beta}\right)e^{-\beta t}$$

$$x = \frac{v_{x_0}}{\beta}(1-e^{-\beta t}), \qquad y = -\frac{g}{\beta}t+\frac{1}{\beta}\left(v_{y_0}+\frac{g}{\beta}\right)(1-e^{-\beta t})$$

で与えられる．これらの解は3-1節ですでに求めた．最高点に達する時間は $v_y=0$ とおいて

$$e^{-\beta t} = \frac{g/\beta}{v_{y_0}+g/\beta} \quad \text{または} \quad -\beta t = \log\left(\frac{g/\beta}{v_{y_0}+g/\beta}\right)$$

となる．これを x と y に代入して最高点の位置を求めることができる．

$$x = \frac{v_{x_0}v_{y_0}}{\beta v_{y_0}+g}, \qquad y = \frac{v_{y_0}}{\beta}-\frac{g}{\beta^2}\log\left(1+\frac{\beta v_{y_0}}{g}\right)$$

$\beta\to 0$ で $x\to x_{\mathrm{m}}$, $y\to y_{\mathrm{m}}$ となる．

問題 3-6

[1] $x = r\cos(\omega t+\varphi_0), \qquad y = r\sin(\omega t+\varphi_0)$

$\dot{x} = -r\omega\sin(\omega t+\varphi_0), \qquad \dot{y} = r\omega\cos(\omega t+\varphi_0)$

$\ddot{x} = -r\omega^2\cos(\omega t+\varphi_0), \qquad \ddot{y} = -r\omega^2\sin(\omega t+\varphi_0)$

これらから速度の大きさは $(\dot{x}^2+\dot{y}^2)^{1/2}=r|\omega|$，加速度の大きさは $(\ddot{x}^2+\ddot{y}^2)^{1/2}=r\omega^2$ と求まる．速度と加速度の大きさは ω の大きさによって決まり，符号によらない．

[2] ひもの張力 S は $S=mg/\cos\theta$ で与えられる．$S=2mg$ でひもが切れるとすれば，そのときの角度は $\cos\theta=1/2$ つまり $\theta=\pi/3$ である．

[3] $x = r\cos(-\omega t+\varphi_0), \qquad y = r\sin(-\omega t+\varphi_0)$

$\dot{x} = r\omega\sin(-\omega t+\varphi_0), \qquad \dot{y} = -r\omega\cos(-\omega t+\varphi_0)$

$\dot{z} = \dot{x}+i\dot{y} = \omega y-i\omega x = -i\omega(x+iy) = -i\omega z$

$\therefore \quad z = A\exp(-i\omega t)$

初期条件から $A=re^{i\varphi_0}$.

$\therefore \quad z = r\exp(-i\omega t+i\varphi_0), \quad x = r\cos(-\omega t+\varphi_0), \quad y = r\sin(-\omega t+\varphi_0)$

[4] $mr\omega^2=\mu mg \qquad \therefore\ \omega=\sqrt{\mu g/r}$. r は物体の中心軸からの距離.

問題 3-7

[1] $\cos\dfrac{A+B}{2}\cos\dfrac{A-B}{2}=\dfrac{1}{4}\left\{\exp\left(i\dfrac{A+B}{2}\right)+\exp\left(-i\dfrac{A+B}{2}\right)\right\}\left\{\exp\left(i\dfrac{A-B}{2}\right)+\right.$
$\left.\exp\left(-i\dfrac{A-B}{2}\right)\right\}=\dfrac{1}{4}(e^{iA}+e^{-iA}+e^{iB}+e^{-iB})=\dfrac{1}{2}(\cos A+\cos B)$.

[2] $x=2a\cos\dfrac{\omega_1+\omega_2}{2}t\cos\dfrac{\omega_1-\omega_2}{2}t\cong 2a\cos\omega_1 t\cos\dfrac{\varepsilon}{2}t$. $\varepsilon\ll\omega_1$ であるから，x の時間変化は振動数 ω_1 の速い振動と，振動数 $\varepsilon/2$ のゆっくりした振動の積で表わされている．これは，振幅が $\cos(\varepsilon t/2)$ でゆっくり変化していることを意味する．振動数のほぼ等しい 2 つの振動によるこのような振幅の振動を**うなり**という．

問題 3-8

[1] $W=\boldsymbol{F}\cdot\boldsymbol{s}=Fs\cos\theta$ より (i) mg J, (ii) 0 J, (iii) mg J.

[2] r 方向と θ 方向の単位ベクトルを $\boldsymbol{e}_r$ と $\boldsymbol{e}_\theta$ とすると，向心力 $\boldsymbol{F}$ は $\boldsymbol{F}=-mr\omega^2\boldsymbol{e}_r$，物体の変位 $d\boldsymbol{l}$ は $d\boldsymbol{l}=rd\theta\,\boldsymbol{e}_\theta$ である．したがって，力 $\boldsymbol{F}$ のする仕事は

$$\boldsymbol{F}\cdot d\boldsymbol{l} = -mr^2\omega^2 d\theta\boldsymbol{e}_r\cdot\boldsymbol{e}_\theta$$

となる．$\boldsymbol{e}_r\cdot\boldsymbol{e}_\theta=0$ より仕事は 0．ゆえに向心力によって物体のエネルギーは変化しない．

[3] $W=-\mu' mgX$. $\mu' mgX=mv_0{}^2/2$ より $X=v_0{}^2/2\mu' g$. これは問題 3-2 問[3]の結果と一致する．

[4] (i) $d\boldsymbol{l}=\boldsymbol{i}dx+\boldsymbol{j}dy+\boldsymbol{k}dz$ より

$$(dl)^2=(dx)^2+(dy)^2+(dz)^2$$

したがって

$$\frac{1}{2}m\left(\frac{dl}{dt}\right)^2 = \frac{1}{2}m\left\{\left(\frac{dx}{dt}\right)^2+\left(\frac{dy}{dt}\right)^2+\left(\frac{dz}{dt}\right)^2\right\}$$

(ii) $d\boldsymbol{l}=\boldsymbol{e}_r dr+\boldsymbol{e}_\varphi rd\varphi$ から

$$(dl)^2=(dr)^2+r^2(d\varphi)^2$$

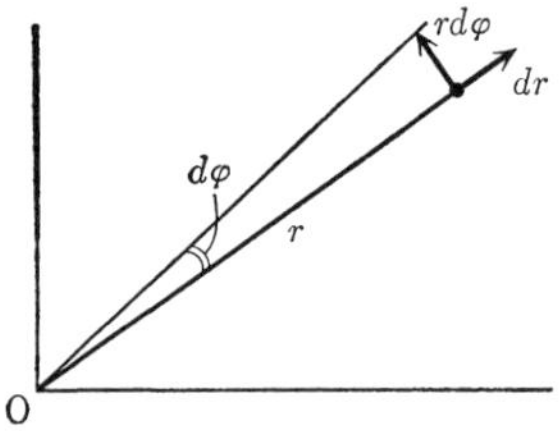

問[4]

したがって

$$\frac{1}{2}m\left(\frac{dl}{dt}\right)^2 = \frac{1}{2}m\left\{\left(\frac{dr}{dt}\right)^2+r^2\left(\frac{d\varphi}{dt}\right)^2\right\}$$

問題 3-9

[1] (i) $\boldsymbol{F}=-(k/r^2)\boldsymbol{e}_r$ から $F_x=-kx/r^3$, $F_y=-ky/r^3$. したがって $\partial F_x/\partial y=\partial F_y/\partial x=3kxy/r^5$. 保存力．

(ii) $\boldsymbol{F}=-k\boldsymbol{r}$ から $F_x=-kx$, $F_y=-ky$. したがって $\dfrac{\partial F_x}{\partial y}=\dfrac{\partial F_y}{\partial x}=0$. 保存力．

[2] (i) $\partial F_x/\partial y=\partial F_y/\partial x=-ax^2$. 保存力．$U=ax^3y/3$.

(ii) $\partial F_x/\partial y\neq\partial F_y/\partial x$. 保存力ではない．

(iii) $\partial F_x/\partial y=\partial F_y/\partial x=-ax$. 保存力．$U=ax^2y/2+y^3/3$.

[3] $U=kr^2/2$. $\dfrac{1}{2}mv_0{}^2=\dfrac{1}{2}mv^2+\dfrac{1}{2}kr^2$. $\therefore$ $v^2=v_0{}^2-(k/m)r^2\geqq 0$, $r\leqq v_0\sqrt{m/k}$. すな

わち$r=v_0\sqrt{m/k}$まで遠ざかることができる．

[4] Uの最大値$U_{\max}$は$r=\sqrt{2}/\alpha$において$U_{\max}=k/2\alpha^2$である．全エネルギーが$U_{\max}$よりも小さく，$r\leqq\sqrt{2}/\alpha$の領域にある質点が有限領域で運動する．

第 4 章

問題 4-1

[1] 引力GmM/R^2と向心力$mR\omega^2$とを等しいとおいて$GM/R^2=R\omega^2$．ただしMは太陽の質量，mは惑星の質量，Gは定数．円運動の速さ$v=R\omega$をこれに代入して$GM=Rv^2$を得る．ゆえに，$v\propto 1/\sqrt{R}$．

[2] 速さvで円周$2\pi R$を1周する時間Tは

$$T = \frac{2\pi R}{v} \propto \frac{2\pi R}{1/\sqrt{R}} \propto R^{3/2}$$

となり，$T^2\propto R^3$つまり，ケプラーの第3法則を得る．

[3] (a) ケプラーの第3法則$T^2=aR^3$ (aは定数)から$a=T^2/R^3$は軌道半径によらず一定である．月の軌道半径をRとすると，人工衛星の軌道半径は$R/60$である．一方，周期は月が$27.3\times 24=655$ hである．人工衛星の周期をTとする．$(655)^2=aR^3$，$T^2=a(R/60)^3$からaを消去して$T=655\times(1/60)^{3/2}\fallingdotseq 655/465\fallingdotseq 1.41$ hを得る．つまり，人工衛星の周期は約1.4時間である．

(b) 人工衛星の軌道半径をr ($\cong 6378$ km)とすると，地球の引力GmM/r^2を向心力$mr\omega^2$と等しいとおいて

$$\frac{GmM}{r^2} = mr\omega^2$$

を得る．地表における重力加速度$GM/r^2=9.8$を用いると$T=2\pi/\omega=2\pi\sqrt{r/9.8}=5070$ s$\fallingdotseq$1.4 h.

[4] 人工衛星の地表からの高さをh，地球の半径をrとすると，前問(b)と同様にして次式を得る．

$$\frac{GmM}{(r+h)^2} = m(r+h)\omega^2$$

これから，$T=2\pi/\omega$を求めると

$$T = 2\pi\sqrt{\frac{(r+h)^3}{GM}} = 2\pi\sqrt{\frac{r}{g}}\left(1+\frac{h}{r}\right)^{3/2}$$

ここで$g=GM/r^2$を用いた．右辺にある$2\pi\sqrt{r/g}$は前問から1.4時間である．$T=24$ hとすると，$h/r=5.6$となり，$r=6378$ kmより$h=36000$ kmを得る．速さvは$v=(r+h)\omega$

から

$$v = 42000 \times \frac{2\pi}{24 \times 60 \times 60} \doteqdot 3.1\ \mathrm{km/s}$$

問題 4-2

[1] 焦点の座標を $(c, 0)$ とすると，点 $\mathrm{P}(x, y)$ と焦点の距離は $\sqrt{(x-c)^2+y^2}$ である．点 P から準線までの距離は x であるから，$\sqrt{(x-c)^2+y^2}=x$ となる．両辺の平方をとり，放物線の方程式 $x=y^2/2c+c/2$ を得る．

極座標 (r, φ) を用いると，点 P と焦点の距離は r である．一方，点 P から準線までの距離は $c+r\cos\varphi$ である．両者を等しいとおき，r について解くと $r=c/(1-\cos\varphi)$ を得る．

4

[2] $x=a$ に原点を移したとき，楕円の方程式は $(x+a)^2/a^2+y^2/b^2=1$ となる．左辺第 1 項を展開し整理すると $(x/a)^2+2(x/a)+y^2/b^2=0$ となる．$|x| \ll a$ のとき，$(x/a)^2$ は十分小さいので無視できる(たとえば $x/a=0.1$ のとき $(x/a)^2=0.01$ になる)．したがって，$-2b^2x/a=y^2$ となり放物線で近似できる．$x=-a$ に原点を移動したときも同様にして $2b^2x/a=y^2$ となる．

[3] 前問と同様にして $2b^2x/a=y^2$ と近似できる．

[4] 楕円軌道 $x^2/a^2+y^2/b^2=1$ が 1 つの焦点 $(c, 0)$ に最も近づくのは軌道が $(a, 0)$ を通るときであり，最も遠ざかるのは $(-a, 0)$ を通るときである．このとき，焦点からの距離は $a-c$，$a+c$ である．離心率 ε は c/a であるから，c を a と ε を用いて表わすと，太陽から惑星までの距離 r は $a(1-\varepsilon) \leqq r \leqq a(1+\varepsilon)$ となる．海王星では $a=30.1$ AU，$\varepsilon=0.009$ であるから 29.8 AU$\leqq r \leqq$30.4 AU となる．一方 $a=39.5$，$\varepsilon=0.247$ の冥王星では 29.7 AU$\leqq r \leqq$49.3 AU となり，冥王星は海王星よりも太陽に近づくことがある．1979 年から約 20 年間はちょうどこの時期にあたる．

問題 4-3

[1] 面積の定理は $r^2\dot{\varphi}$ が一定であることを述べている．もし惑星が円軌道にきわめて近い(離心率 $\varepsilon \cong 0$)ならば，動径 r は一定と考えられる．このとき，方位角の時間変化 $\dot{\varphi}$ は変化せず，太陽をまわる角速度は一定となる．軌道が円からずれると動径 r は一定でなくなる．しかし，積 $r^2\dot{\varphi}$ は一定であるから，r が小さく太陽に近づいたところでは角速度が大きく，速さは大きい．逆に r が大きく太陽から離れると，角速度は小さくなり，速さも減少する．

[2] ハレー彗星が太陽に最も近づいたときの太陽と彗星のあいだの距離を r_{A}，最も遠ざかったときの距離を r_{B} とし，それらの位置における彗星の速さを $v_{\mathrm{A}}, v_{\mathrm{B}}$ とする．

例題 4.6 と同様にして $r_A/r_B=(1-0.967)/(1+0.967)\cong 1/60$ と面積の定理から $v_A/v_B=r_B/r_A\cong 60$ を得る．最も速いのは太陽に最も近づいたときである．

[3] 方位角方向成分を積分して得られる面積の定理 $r^2\dot{\varphi}=$一定 において，r が一定(円運動)ならば $\dot{\varphi}$ も一定であるから，角速度は一定である．$r=a$ を動径方向成分の運動方程式に代入し，$\dot{r}=\ddot{r}=0$ に注意すると，$\dot{\varphi}^2=\mu/(ma^3)$ を得る．$\dot{\varphi}$ は角速度であるから T を円運動の周期とすると，$\dot{\varphi}=2\pi/T$ であり，周期 T の 2 乗が半径 a の 3 乗に比例するというケプラーの第 3 法則 $T^2=4\pi^2ma^3/\mu$ を得る．

[4] 方位角方向成分の運動方程式に r をかけ，時間について積分すると面積の定理 $r^2\dot{\varphi}=h$ (h は定数) を得る．これを $\dot{\varphi}$ について解くと，$\dot{\varphi}=h/r^2$ となる．運動方程式の動径方向成分にこの $\dot{\varphi}$ を代入すると r だけの方程式

$$m\left(\ddot{r}-\frac{h^2}{r^3}\right)=f(r)$$

を得る．例題 4.5 の運動エネルギーに $\dot{\varphi}=h/r^2$ を代入して次の表式を得る．

$$K=\frac{1}{2}m\left(\dot{r}^2+\frac{h^2}{r^2}\right)$$

問題 4-4

[1] 地球の質量を m とすると，重力加速度 g の大きさは，単位質量の物体にはたらく力の大きさに等しいから

$$g=G\frac{m}{r^2}=\frac{6.672\times10^{-11}\times5.975\times10^{24}}{(6.378\times10^6)^2}=9.80\ \mathrm{m/s^2}$$

[2] 月と太陽による重力加速度をそれぞれ g_1, g_2 とする．

$$g_1=\frac{6.672\times10^{-11}\times7.35\times10^{22}}{(3.844\times10^8)^2}=3.32\times10^{-5}\ \mathrm{m/s^2}$$

$$g_2=5.93\times10^{-3}\ \mathrm{m/s^2},\qquad g_2/g_1=179$$

太陽の引力は月の引力の約 180 倍である．地球上の物体が受ける引力は，その物体の質量と上記の重力加速度の積である．

[3] 運動方程式を

$$m\ddot{r}=f(r)+mr\dot{\varphi}^2$$

と書き改める．右辺第 2 項で $\dot{\varphi}$ は円運動の場合，角速度 ω に等しい．このとき，第 2 項は $mr\omega^2$ となり，遠心力を表わしていることがわかる．円運動の回転の速さ v を用いると，$v=r\omega$ であるから，第 2 項は mv^2/r と書くこともできる．これも遠心力の表現の 1 つである．

[4] 前問の $f(r)$ に地球の引力 $-mg$ を代入すると $m\ddot{r}=-mg+mr\omega^2$ となり，動径方

向の加速度$\ddot{r}$として$-g+r\omega^2$を得る．ここではrが増大する方向を正にとっている．地球の中心に向かう方向を正にとると，加速度は$g-r\omega^2$となることに注意しよう．これは例題4.8で緯度φを0にしたときの加速度に等しい．

問題 4-5

[1] 惑星の軌道の方程式から$l=h^2/GM$が成り立つ．一方，$l=b^2/a$であるから$b^2=ah^2/GM$を得る．面積速度$h/2$は一定であるから，$h/2$と周期Tの積は楕円の面積πabに等しい，$hT/2=\pi ab$. これに上のbを代入して$T^2=ca^3$, $c=4\pi^2/(GM)$を得る．Gは万有引力定数，Mは太陽の質量であるから，cは惑星によらない定数であることがわかる．

[2] $m\dot{r}^2/2=E-W(r)$と書き改め，$m\dot{r}^2/2\geqq 0$を用いると，$W(r)\leqq E$を満足するrの領域でのみ運動が可能である．例題4.10の図のポテンシャル$W(r)$と同じ右の図において，$E>0$にとると$W(r)\leqq E$を満足するrは$r\geqq r_3$であり，惑星は有界な運動をしない．$E=0$の場合も同様である．しかし，$E<0$のときには$r_1\leqq r\leqq r_2$の領域に運動は制限されるから運動は有界となる．

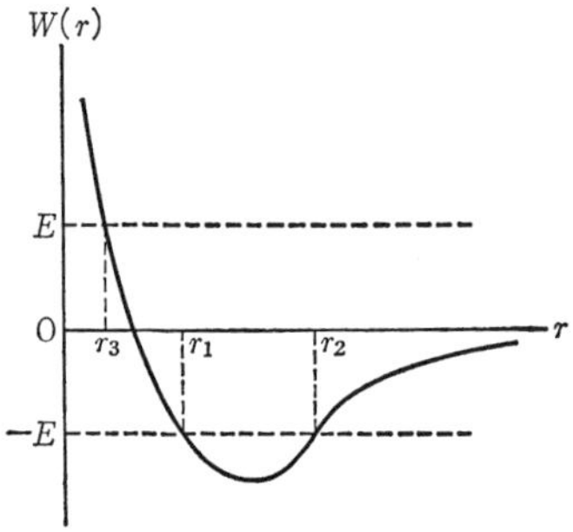

問[2]

[3] $W(r)=E(<0)$は

$$\frac{mh^2}{2r^2}-G\frac{Mm}{r}=E$$

である．これをrについて解いて

$$r_{1,2}=\frac{GMm\pm\sqrt{G^2M^2m^2+2Emh^2}}{-2E}$$

を得る．$E<0$で，根号の中が正である$E>-G^2M^2m/(2h^2)$のとき，右辺は正である．ゆえに

$$r_1=\frac{GMm-\sqrt{G^2M^2m^2+2Emh^2}}{-2E},\qquad r_2=\frac{GMm+\sqrt{G^2M^2m^2+2Emh^2}}{-2E}$$

を得る．一方，軌道の方程式から

$$r_1=\frac{l}{1+\varepsilon},\qquad r_2=\frac{l}{1-\varepsilon}$$

である．2つのr_1(またはr_2)を等しいとおき，$l=h^2/GM$を用いると$\varepsilon^2=1+2Eh^2/G^2M^2m$を得る．

[4] $r_1+r_2=2a$を前問の結果から得られる$r_1+r_2=GMm/(-E)$と等しいとおいて

$a=-GMm/(2E)$ を得る.

問題 4-6

[1] $\sin\Phi=p/A$ および $\Theta+2\Phi=\pi$ より

$$\sin\left(\frac{\pi}{2}-\frac{\Theta}{2}\right)=\frac{p}{A}$$

$$\therefore\quad \cos\frac{\Theta}{2}=\frac{p}{A}$$

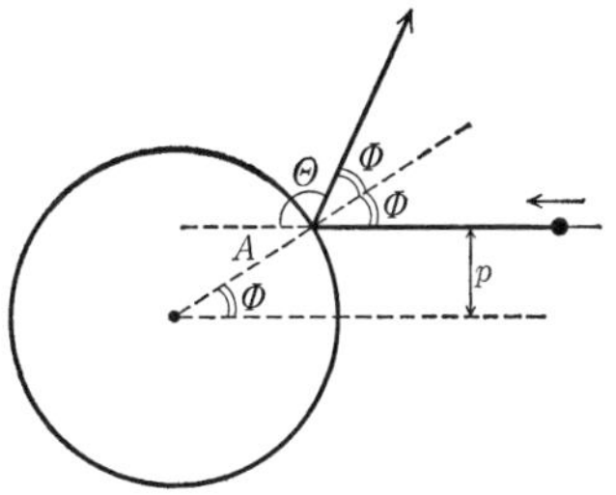

問[1]

[2] 前問より $p=A\cos(\Theta/2)$. ゆえに $dp/d\Theta=(-A/2)\sin(\Theta/2)$.

$$d\sigma=2\pi p\left|\frac{dp}{d\Theta}\right|d\Theta=\frac{1}{2}\pi A^2\sin\Theta d\Theta$$

$$\sigma=\int_0^\pi d\sigma=\frac{1}{2}\pi A^2(-\cos\Theta)\Big|_0^\pi=\pi A^2$$

[3] $p=(A+a)\cos(\Theta/2)$ である. 以下の計算は前問の A を $A+a$ に置きかえればよい. $\sigma=\pi(A+a)^2$.

[4] $$\frac{dp}{d\Theta}=-\frac{k}{2v_0{}^2}\frac{1}{\sin^2(\Theta/2)}$$

ゆえに, 反発力($k>0$)のとき $dp/d\Theta<0$, 引力($k<0$)のとき $dp/d\Theta>0$ である.

5

第 5 章

問題 5-1

[1] 質点の速度の x および y 成分は $\dot{x}=-\omega r\sin\omega t$, $\dot{y}=\omega r\cos\omega t$ であるから, 質点の速さは $v=\sqrt{\dot{x}^2+\dot{y}^2}=\omega r$. 速度ベクトルはこの場合, 点 O から質点におろした直線と直交するから, 求める角運動量は $L=mr^2\omega$ と計算される. 角速度 ω が一定の円運動では, 角運動量は時間によらず一定である. したがって, 力のモーメントは $N=dL/dt=0$.

[2] 質点の速度の大きさは $l\dot{\varphi}$ であり, それはつねに棒と直交しているから, 角運動量は $L=ml^2\dot{\varphi}$.

[3] 前問の結果から, 角運動量の時間変化の割合い dL/dt は $dL/dt=ml^2\ddot{\varphi}$ となる. 一方, 力のモーメントは, 力 mg と, 力の作用線に点 O からおろした垂線の長さ $l\sin\varphi$ との積に等しい. したがって, $N=mgl\sin\varphi$ である. これを dL/dt と等しいとおき, 整理すると

$$\ddot{\varphi} = \frac{g}{l}\sin\varphi$$

を得る．振り子の運動方程式 $\ddot{\varphi} = -(g/l)\sin\varphi$ と比べると，右辺の符号が異なることに注意しなければならない．この矛盾は，実は，角運動量も力のモーメントもベクトルであり，両者ともに大きさのほかに向きも考えねばならないということを無視しているために生ずる．

[4]　$x = r\cos\varphi$，$y = r\sin\varphi$ を時間で微分すると $v_x = \dot{r}\cos\varphi - r\dot{\varphi}\sin\varphi$，$v_y = \dot{r}\sin\varphi + r\dot{\varphi}\cos\varphi$ であるから

$$\begin{aligned} L &= m(xv_y - yv_x) \\ &= m\{r\dot{r}\sin\varphi\cos\varphi + r^2\dot{\varphi}\cos^2\varphi - (r\dot{r}\sin\varphi\cos\varphi - r^2\dot{\varphi}\sin^2\varphi)\} \\ &= mr^2\dot{\varphi} \end{aligned}$$

を得る．これは，次のように考えてもよい．2次元極座標で考えると，速度は r 方向と φ 方向に分解できる．角運動量 $mr^2\dot{\varphi}$ を $r \times mr\dot{\varphi}$ と書けば，これは，原点から質点までの距離 r と，φ 方向の運動量 $mr\dot{\varphi}$ の積に等しいと言い換えることができる．$r\dot{\varphi}$ は φ 方向の速度だからである．つまり，角運動量は，原点から質点に向かう位置ベクトルの大きさと，そのベクトルに直交する方向に射影した速度ベクトルの大きさとの積である．

問題 5-2

[1]　端1の質点による力のモーメント N_1 は $N_1 = mgl\sin\varphi$ である．点Oから力の作用線におろした垂線の長さは，$l\sin\varphi$ だからである．端2の質点による力のモーメント N_2 も同様にして $N_2 = mgl\sin\varphi$ となり，大きさは N_1 に等しい．つまり，棒を時計回りに回転させようとする力のモーメント N_1 は，棒を反時計回りに回転させようとする力のモーメント N_2 に等しい．したがって，棒は回転しない．

[2]　支点Oを通る鉛直線と棒の交点から，棒の中央までの距離を c とすると $c = a\tan\varphi$．端1の質点にはたらく力 mg の作用線に，支点Oからおろした垂線の長さは $(l-c)\cos\varphi + b\sin\varphi$ となり，力のモーメント N_1 は

$$N_1 = mg\{l\cos\varphi + (b-a)\sin\varphi\}$$

と計算される．これは，全体を時計回りに回転させるようにはたらく．同様に，端2の質点による力のモーメント N_2 は

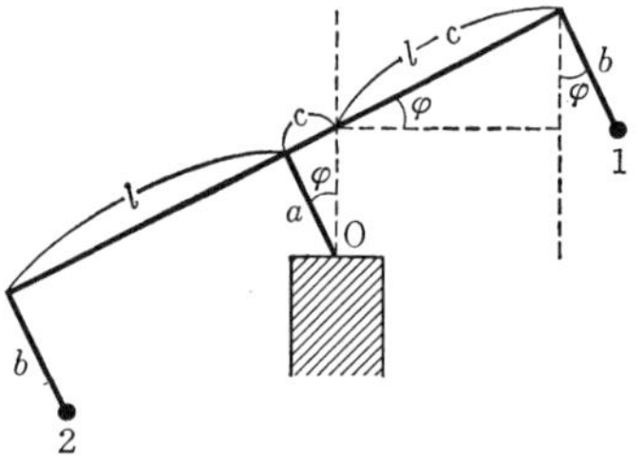

問[2]

$$N_2 = mg\{l\cos\varphi + (a-b)\sin\varphi\}$$

である．やじろべえが安定するのは $N_1 = N_2$ のとき，つまり，$\sin\varphi = 0$ のときである．

したがって，$\varphi=0$ で左右の質点を結ぶ直線が水平になるとき，安定となる．

[3] 端1がさがり棒が水平から角度 φ だけ傾くと，支持棒と接する棒の位置は，棒の中央から $a\varphi$ だけずれる．その結果，支点の位置は棒の中央からはずれ，左右の質点による力のモーメントが等しくなくなる．端1の質点による力のモーメントを N_1，端2による力のモーメントを N_2 とすると，

$$N_1 = (l-a\varphi)mg\cos\varphi, \qquad N_2 = (l+a\varphi)mg\cos\varphi$$

となり，棒を水平に戻そうとする力のモーメントがはたらく．

[4] $L_x=L_y=L_z=0$ から

$$m(yv_z-zv_y) = 0, \qquad m(zv_x-xv_z) = 0, \qquad m(xv_y-yv_z) = 0$$

である．第1の式を yz で割り，$v_y=dy/dt$ などと書いて

$$\frac{1}{y}\frac{dy}{dt} = \frac{1}{z}\frac{dz}{dt}$$

と変形することができる．左辺(右辺)は $d(\log y)/dt$ $(d(\log z)/dt)$ と書けるから，移行して整理すると

$$\frac{d}{dt}\log\frac{y}{z} = 0$$

を得る．つまり，$y=c_1z$ (c_1 は定数) である．これは yz 面で原点を通る直線を表わす．$L_y=0$ の式からも同様にして $z=c_2x$ (c_2 は定数) を得る．これも原点を通る直線である．$y=c_1z$, $z=c_2x$ から z を消去して得られる $x=y/c_3$ $(c_3=c_1c_2)$ は，$L_z=0$ を自動的に満足する．以上をまとめると

$$x = \frac{y}{c_3} = \frac{z}{c_2}$$

となり，これは3次元空間で原点を通る直線を表わす．

問題 5-3

[1] 角運動量は大きさが $ml^2\dot{\varphi}$ で，$+z$ 方向を向く．力のモーメントは大きさが $mgl\sin\varphi$ で，$-z$ 方向を向いている．したがって $\ddot{\varphi}=-(g/l)\sin\varphi$ を得る．

[2] $r_p=r\sin\varphi$ から $L=rp\sin\varphi$ である．一方，$p_r=p\sin\varphi$ によって，$L=rp_r=pr\sin\varphi$ を得る．したがって，2つの表現は同一である．

[3] 題意により運動方程式は $m\ddot{\boldsymbol{r}}=(\boldsymbol{r}/r)F(r)$ と表わされるから，

$$\frac{d}{dt}\{\boldsymbol{r}\times(m\dot{\boldsymbol{r}})\} = m\dot{\boldsymbol{r}}\times\dot{\boldsymbol{r}}+m\boldsymbol{r}\times\ddot{\boldsymbol{r}} = m\dot{\boldsymbol{r}}\times\dot{\boldsymbol{r}}+\frac{\boldsymbol{r}\times\boldsymbol{r}}{r}F(r) = 0$$

ここで同じベクトル同士のベクトル積は0となることを用いた．したがって $\boldsymbol{r}\times(m\dot{\boldsymbol{r}})$ は時間によらず一定である．

5

[4] 位置ベクトル $\boldsymbol{r}$ にも，速度ベクトル $\dot{\boldsymbol{r}}$ にも直交するベクトル $\boldsymbol{r}\times(m\dot{\boldsymbol{r}})$ は時間によらず一定である．したがって，$\boldsymbol{r}$ と $\dot{\boldsymbol{r}}$ は，ベクトル $\boldsymbol{r}\times(m\dot{\boldsymbol{r}})$ と直交する面内でのみ運動する．

第 6 章

問題 6-1

[1] ロケットの推進と同じように，持っている物を投げればよい．投げた人は逆方向に動き出す．

[2] ボールを投げると，投げた人はボールとは逆の向きに動く．ボールを受けると，ボールのもっていた運動量は保存され，ボールと同じ向きに動き出す．したがって，2人はしだいに遠ざかる．

[3] 例題 6.1 の(1)式において $v=0$ とおいて $v_1=(m_2/m_1)v_2'$ を得る．

[4] 3つの質点の座標を (x_i, y_i) $(i=1,2,3)$ とおくと，時刻 t における質点の位置はそれぞれ $(x_1=2+t,\ y_1=0)$，$(x_2=-2-t,\ y_2=0)$，$(x_3=0,\ y_3=3+t)$

である．質量中心の座標を (x_G, y_G) とすると，定義から

$$x_G = \frac{m(2+t)+m(-2-t)+m\times 0}{3m} = 0$$

$$y_G = \frac{m\times 0+m\times 0+m(3+t)}{3m} = 1+\frac{t}{3}$$

となる．つまり，重心は $(0,1)$ の点から速度 1/3 で y 軸に沿って移動する．

問題 6-2

[1] 重心を原点として，2個の質点を結ぶ相対的な位置ベクトルを導入すると，

$$\boldsymbol{r} = \boldsymbol{r}_2-\boldsymbol{r}_1, \qquad m_1\boldsymbol{r}_1+m_2\boldsymbol{r}_2 = 0$$

が成り立つ．したがって，$\boldsymbol{r}_1, \boldsymbol{r}_2$ として

$$\boldsymbol{r}_1 = -\frac{m_2}{m_1+m_2}\boldsymbol{r}, \qquad \boldsymbol{r}_2 = \frac{m_1}{m_1+m_2}\boldsymbol{r}$$

が得られる．2個の質点の全運動エネルギー K に，この $\boldsymbol{r}_1$ と $\boldsymbol{r}_2$ を代入して

$$K = \frac{1}{2}m_1\dot{\boldsymbol{r}}_1{}^2+\frac{1}{2}m_2\dot{\boldsymbol{r}}_2{}^2 = \frac{1}{2}\mu\dot{\boldsymbol{r}}^2$$

となる．ここで，μ は換算質量を表わす．

[2] 2個の質点の運動方程式

$$m_1\frac{d^2\boldsymbol{r}_1}{dt^2} = f(r)\frac{\boldsymbol{r}_1-\boldsymbol{r}_2}{r}, \qquad m_2\frac{d^2\boldsymbol{r}_2}{dt^2} = f(r)\frac{\boldsymbol{r}_2-\boldsymbol{r}_1}{r} \tag{1}$$

において，第1式にm_2を掛けた式から，第2式にm_1を掛けた式を引くと

$$m_1m_2\frac{d^2}{dt^2}(\boldsymbol{r}_1-\boldsymbol{r}_2) = (m_1+m_2)f(r)\frac{\boldsymbol{r}_1-\boldsymbol{r}_2}{r} \tag{2}$$

が得られる．相対座標$\boldsymbol{r}=\boldsymbol{r}_1-\boldsymbol{r}_2$を用いると，これは

$$\mu\frac{d^2\boldsymbol{r}}{dt^2} = f(r)\frac{\boldsymbol{r}}{r} \tag{3}$$

となり，1個の質点の問題に変換された．μは換算質量．これが解けて，$\boldsymbol{r}$が求められれば，(6.8)式から$\boldsymbol{r}_1, \boldsymbol{r}_2$が求まる．

重心の定義式

$$\boldsymbol{r}_{\mathrm{G}} = \frac{m_1\boldsymbol{r}_1+m_2\boldsymbol{r}_2}{m_1+m_2} \tag{4}$$

と，相対座標の式$\boldsymbol{r}=\boldsymbol{r}_1-\boldsymbol{r}_2$から，$\boldsymbol{r}_1$と$\boldsymbol{r}_2$を$\boldsymbol{r}$と$\boldsymbol{r}_{\mathrm{G}}$によって表わすと

$$\boldsymbol{r}_1 = \boldsymbol{r}_{\mathrm{G}}+\frac{m_2}{m_1+m_2}\boldsymbol{r}, \qquad \boldsymbol{r}_2 = \boldsymbol{r}_{\mathrm{G}}-\frac{m_1}{m_1+m_2}\boldsymbol{r} \tag{5}$$

が得られる．本文の(6.8)式は相対座標を$\boldsymbol{r}=\boldsymbol{r}_2-\boldsymbol{r}_1$と定義したもので，これといま求めた(5)式とを比べると，右辺第2項の$\boldsymbol{r}$の符号が異なる．ここでは，$\boldsymbol{r}$を$\boldsymbol{r}_1-\boldsymbol{r}_2$で与え，$\boldsymbol{r}$の符号を変えたからそのような結果が得られたのである．つまり，両者は同一の結果を与える．

[3] 重心の運動は，そこに物体の全質量が集中した質点として取り扱うことができる．したがって，質点の力学は質点系に対しても意味をもつ．ただし，重心のまわりの回転は質点の力学によって扱えない，質点系に特有な問題である．

[4] 運動方程式(1)にaを掛け，(2)にbを掛けて，両者の和を作ると

$$(am_1\ddot{x}_1+bm_2\ddot{x}_2) = (a-b)k(x_2-x_1) \tag{4}$$

が得られる．これが(3)のような形に書けるのは，両辺において，x_1とx_2の比が等しいときである．つまり，

$$\frac{am_1}{bm_2} = \frac{-1}{1}$$

が成り立たなければならない．上式は，たとえば，

$$\begin{cases} a = m_2 \\ b = -m_1 \end{cases} \quad \text{または} \quad \begin{cases} a = -m_2 \\ b = m_1 \end{cases}$$

と選べば満足される．これらのaとbを定数倍してもよいが，そうしても結果は変わらない．$a=m_2$, $b=-m_1$としたとき，(4)は

6

$$\frac{m_1 m_2}{m_1+m_2}(\ddot{x}_1-\ddot{x}_2) = -k(x_1-x_2)$$

と書くことができる．換算質量を用いると上式は例題 6.4 の結果と一致する．このとき，$Q=x_1-x_2$ である．$a=-m_2, b=m_1$ と選べば，$Q=x_2-x_1$ となるが，これは上の Q と本質的に同一である．

問題 6-3

[1] 重心の速度は y 方向に 1/3 である．第 1 の質点は静止座標で x 方向に 1 の速度を持っているから，重心系では x 方向に 1，y 方向に $-1/3$ の速度を持つ．したがって，重心座標の運動エネルギー K_1' は

$$K_1' = \frac{1}{2}m\left\{1^2+\left(\frac{1}{3}\right)^2\right\} = \frac{5}{9}m$$

となる．同様に，第 2 の質点は重心系で x 方向に -1，y 方向に $-1/3$ の速度をもち，第 3 の質点は y 方向にのみ 2/3 の速度をもつから，運動エネルギー K_2', K_3' は

$$K_2' = \frac{5}{9}m, \qquad K_3' = \frac{2}{9}m$$

と計算できる．したがって

$$K' = K_1'+K_2'+K_3' = \frac{4}{3}m$$

[2] 重心の座標 $\boldsymbol{r}_G=(x_G, y_G)$ は

$$\begin{aligned} \boldsymbol{r}_G &= \frac{m_1\boldsymbol{r}_1+m_2\boldsymbol{r}_2}{m_1+m_2} \\ x_G &= \frac{m_1x_1+m_2x_2}{m_1+m_2}, \qquad y_G = \frac{m_1y_1+m_2y_2}{m_1+m_2} \end{aligned} \tag{1}$$

である．座標 $\boldsymbol{r}_1$ と $\boldsymbol{r}_2$ を，$\boldsymbol{r}_G$ と，重心からみた座標 $\boldsymbol{r}_1'=(x_1', y_1')$，$\boldsymbol{r}_2'=(x_2', y_2')$ によって表わすと

$$\boldsymbol{r}_1 = \boldsymbol{r}_G+\boldsymbol{r}_1', \qquad \boldsymbol{r}_2 = \boldsymbol{r}_G+\boldsymbol{r}_2' \tag{2}$$

となる．系の全運動エネルギー K は

$$\begin{aligned} K &= \frac{m_1}{2}\dot{\boldsymbol{r}}_1{}^2+\frac{m_2}{2}\dot{\boldsymbol{r}}_2{}^2 \\ &= \frac{m_1}{2}(\dot{\boldsymbol{r}}_G+\dot{\boldsymbol{r}}_1')^2+\frac{m_2}{2}(\dot{\boldsymbol{r}}_G+\dot{\boldsymbol{r}}_2')^2 \\ &= \frac{m_1+m_2}{2}\dot{\boldsymbol{r}}_G{}^2+\dot{\boldsymbol{r}}_G\cdot(m_1\dot{\boldsymbol{r}}_1'+m_2\dot{\boldsymbol{r}}_2')+\frac{1}{2}(m_1\dot{\boldsymbol{r}}_1'^2+m_2\dot{\boldsymbol{r}}_2'^2) \end{aligned}$$

と計算できる．第 1 項は重心の運動エネルギー K_G，第 3 項は重心に相対的な運動エネ

ルギー K' を表わす．第2項の括弧に囲まれた量を A とおき，$\boldsymbol{r}_1{}'$ と $\boldsymbol{r}_2{}'$ を(2)を用いて書き直すと

$$A = m_1(\dot{x}_1-\dot{x}_G)\boldsymbol{i}+m_1(\dot{y}_1-\dot{y}_G)\boldsymbol{j}+m_2(\dot{x}_2-\dot{x}_G)\boldsymbol{i}+m_2(\dot{y}_2-\dot{y}_G)\boldsymbol{j}$$
$$= (m_1+m_2)\left\{\left(\frac{m_1\dot{x}_1+m_2\dot{x}_2}{m_1+m_2}-\dot{x}_G\right)\boldsymbol{i}+\left(\frac{m_1\dot{y}_1+m_2\dot{y}_2}{m_1+m_2}-\dot{y}_G\right)\boldsymbol{j}\right\}$$

を得る．ここで，$\boldsymbol{i}$ と $\boldsymbol{j}$ は x 方向，y 方向の単位ベクトルである．重心の定義(1)を用いると A は0になる．したがって，$K=K_G+K'$ が成立する．

[3] 速度 v で動く座標における2個の質点の運動エネルギーを $K(v)$ とする．

$$K(v) = \frac{1}{2}m_1(v_1-v)^2+\frac{1}{2}m_2(v_2-v)^2$$
$$= \frac{1}{2}(m_1+m_2)v^2-(m_1v_1+m_2v_2)v+\frac{1}{2}m_1v_1{}^2+\frac{1}{2}m_2v_2{}^2$$
$$= \frac{1}{2}(m_1+m_2)\left\{v-\frac{m_1v_1+m_2v_2}{m_1+m_2}\right\}^2+\frac{1}{2}\mu(v_1-v_2)^2$$

ゆえに，速度 v が重心の速度 v_G に等しいとき，運動エネルギーは最小で，その値は $\mu(v_1-v_2)^2/2$ となる．

[4] 重心に相対的な運動エネルギー K' は

$$K' = \frac{m_1}{2}(v_1-v_G)^2+\frac{m_2}{2}(v_2-v_G)^2$$

で与えられる．上式を展開し，$v_G=(m_1v_1+m_2v_2)/(m_1+m_2)$ を代入し，整理すると

$$K' = \frac{1}{2}\mu(v_1-v_2)^2, \qquad \mu = \frac{m_1m_2}{m_1+m_2}$$

を得る．これは，前問で求めた運動エネルギーの最小値と一致する．

問題 6-4

[1] 中心Oをはさんで互いに対称な位置にある2つの質点に加わる外力のモーメントを求め，円板全体について和をとればよい．図のように，質点の質量を m とすると，質点Pによる外力のモーメントは大きさが $amg\sin\varphi$ で紙面に垂直上向きであり，質点Qによるモーメントの大きさと向きは，$amg\sin\varphi$，紙面に垂直下向きである．したがって，両者の和は0．円板全体について和をとると，中心Oのまわりの外力のモーメントは0になる．

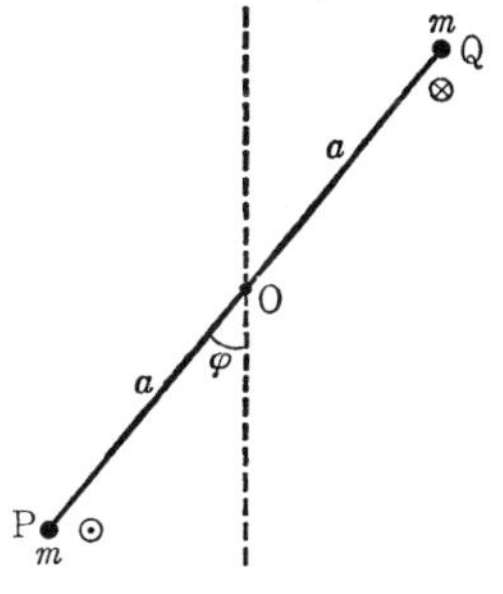

問[1]

[2] 紙面に垂直下向きの単位ベクトルを $\boldsymbol{j}$ とすると，

$$N = mg(r_1 \sin\varphi_1 + r_2 \sin\varphi_2)\boldsymbol{j}$$

である．一方，重心Gに質量 $2m$ が集中したと考えると

$$\boldsymbol{N}_{\mathrm{G}} = 2mgr_{\mathrm{G}} \sin\varphi_{\mathrm{G}}\, \boldsymbol{j}$$

である．$r_1 \sin\varphi_1$, $r_2 \sin\varphi_2$, $r_{\mathrm{G}} \sin\varphi_{\mathrm{G}}$ は，質点P, Qおよび重心から，Oを通る鉛直線におろした垂線の長さに等しい．Gは棒の中点であるから，$r_1 \sin\varphi_1 + r_2 \sin\varphi_2 = 2r_{\mathrm{G}} \sin\varphi_{\mathrm{G}}$ が成り立ち，したがって，$\boldsymbol{N} = \boldsymbol{N}_{\mathrm{G}}$ を得る．前問の結果から $\boldsymbol{N}' = 0$ であり，$\boldsymbol{N} = \boldsymbol{N}_{\mathrm{G}} + \boldsymbol{N}'$ が成立する．

[3] 問題に示した図のように，回転する棒と鉛直軸がちょうど紙面内にある場合を考える．紙面に垂直下向きの単位ベクトルを $\boldsymbol{j}$ とする．質点PとQが受ける遠心力は $ml \sin\varphi \cdot \omega^2$ である．ここで，$l \sin\varphi$ は円運動の半径を表わす．重心Gから遠心力ベクトルにおろした垂線の長さは $l \cos\varphi$ に等しい．したがって，遠心力による重心Gのまわりのモーメント $\boldsymbol{N}$ は

$$\boldsymbol{N} = 2ml^2\omega^2 \sin\varphi \cos\varphi \cdot \boldsymbol{j}$$

となる．係数2は2個の質点の和による．$\boldsymbol{N}$ の大きさは不変であるが，向きは時間とともに変化する．質点が紙面上にない場合には，$\boldsymbol{N}$ の向きは，質点Qの速度の向きに一致する．$\boldsymbol{N} = 0$ となるのは，$\varphi = 0\ (\sin\varphi = 0)$ または $\varphi = \pi/2\ (\cos\varphi = 0)$ のときである．$\varphi = 0$ では，棒は鉛直線と一致する．この場合には，大きさのない質点の回転であるから，力のモーメントは0になる．また，$\varphi = \pi/2$ では，棒と鉛直線は直交する．このときには，重心Gから質点PまたはQに向かう位置ベクトルと遠心力ベクトルは平行であるから，力のモーメントは0になる．

[4] 前問と同様に，棒が紙面上にある場合を考える．質点の速さは $l \sin\varphi \cdot \omega$，重心Gから速度ベクトルにおろした垂線の長さは l である．ゆえに，$L = |\boldsymbol{L}|$ は

$$L = 2ml^2\omega \sin\varphi$$

となる．係数2は2個の質点による和を表わす．ベクトル $\boldsymbol{L}$ は図のように棒と直交する．ベクトル $\boldsymbol{L}$ の先端は円周上を回転する．回転の半径は $L \sin(\pi/2 - \varphi) = L \cos\varphi$，角速度は ω であるから

$$\frac{dL}{dt} = L \cos\varphi \cdot \omega = 2ml^2\omega^2 \sin\varphi \cos\varphi$$

となり，$\boldsymbol{N}$ と大きさが等しく，向きが逆である．この $d\boldsymbol{L}/dt$ は棒が遠心力によって水平に倒れようとする力のモーメントを打ち消している．

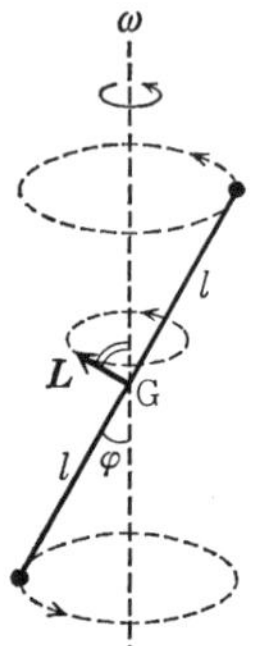

問[4]

第 7 章

問題 7-2

[1] 質点の集まりに対して定義された慣性モーメントを連続的に質点が分布する場合に拡張しなければならない．回転軸から r だけ離れた点における微小長さ dr について考える．単位長さ当りの質量を ρ とすると dr の長さでは質量が ρdr にある．したがって，和は積分

$$I = \sum m_i r_i^2 = \int \rho dr\, r^2$$

におきかえることができる．積分は棒全体について，つまり，$-l/2$ から $l/2$ まで取る．また，$\rho = m/l$ である．

$$\therefore \quad I = \frac{m}{12} l^2$$

角運動量 L，回転による運動エネルギー K は

$$L = I\omega = \frac{m}{12} l^2 \omega$$

$$K = \frac{1}{2} I\omega^2 = \frac{1}{24} ml^2 \omega^2$$

[2] 前問の慣性モーメントは例題 7.3 で求めた慣性モーメントの 1/3 である．両端におもりをつけた棒では回転軸から最も遠い位置に質点が集中しているのに対し，一様な棒では回転軸から棒の先端まで一様に質量が分布しているため，全体の質量は同じであっても，$I = \sum m_j r_j^2$ の r_j^2 の効果によって慣性モーメントの値は異なる．

[3] 腕を体に引き寄せるとき，回転軸から腕の各部分に引いた位置ベクトルは遠心力ベクトルと平行であると考えられる．これは，位置ベクトルと遠心力に逆らう力のベクトルも平行であることを意味する．したがって，力のモーメントは 0 であり，角運動量は保存される．

[4] 角運動量は保存されるから

$$ml^2 \omega_0 = \frac{1}{4} ml^2 \omega_1$$

したがって，$\omega_1 = 4\omega_0$ を得る．長さ $2l\,(l)$ のときの運動エネルギーを $K_0\,(K_1)$ とすると

$$K_0 = \frac{1}{2} ml^2 \omega_0^2, \qquad K_1 = \frac{1}{8} ml^2 \omega_1^2 = 2ml^2 \omega_0^2$$

となり，$K_1 - K_0 = 3ml^2 \omega_0^2/2$ だけ運動エネルギーが増加する．

棒の長さが $2r$ のとき，角速度が ω であるとすれば，角運動量の保存則から $\omega=l^2\omega_0/r^2$ である．遠心力は1個の質点に対して $mr\omega^2/2$ となるから，系全体ではこれの2倍である．遠心力に逆らって腕を引き寄せる仕事 W は

$$W = -\int_l^{l/2} mr\omega^2 dr$$

を計算すればよい．マイナス符号は，力が遠心力と逆を向くためについた．$\omega=l^2\omega_0/r^2$ を代入すると，$W=3ml^2\omega_0{}^2/2$ を得る．これは運動エネルギーの増加に等しい．

問題 7-3

[1] 円柱の半径を a，高さを b とすると

$$K = \frac{1}{2}I\omega^2, \qquad I = \frac{1}{2}Ma^2$$

において，$M=\rho\pi a^2 b$ を代入して

$$K = \frac{1}{4}\rho\pi a^4 b\omega^2$$

を得る．密度 ρ は $\rho=8\ \mathrm{g/cm^3}=8\times10^3\ \mathrm{kg/m^3}$，角速度 ω は $\omega=2\pi\times(600/60)=20\,\pi\ \mathrm{rad/s}$，$a=b=1\ \mathrm{m}$ であるから，$K\doteqdot 2.5\times10^7\ \mathrm{J}=25\ \mathrm{MJ}$ を得る．

[2] $I=\displaystyle\int_0^l \frac{m}{l}x^2dx=\frac{1}{3}ml^2,\ \ I'=m\left(\frac{l}{2}\right)^2=\frac{1}{4}ml^2,\ \ I_G=\int_{-l/2}^{l/2}\frac{m}{l}x^2dx=\frac{1}{12}ml^2$

$$\therefore\ \ I = I'+I_G$$

[3] 運動方程式は

$$I\frac{d^2\varphi}{dt^2} = -Mgb\sin\varphi \cong -Mgb\varphi$$

$$I = I_G+Mb^2, \qquad I_G = \frac{1}{2}Ma^2$$

角振動数を ω，周期を T とすると

$$\omega = \sqrt{\frac{2gb}{a^2+2b^2}}, \qquad T = 2\pi\sqrt{\frac{a^2+2b^2}{2gb}}$$

T は $b=a/\sqrt{2}$ のとき最小になる．そのとき周期は

$$T_{\min} = 2\pi\sqrt{\frac{\sqrt{2}\,a}{g}}$$

[4] エネルギー保存則から

$$Mgh = \frac{1}{2}I\omega^2+\frac{1}{2}Mv^2$$

を得る．右辺第1項は重心のまわりの回転による運動エネルギー，第2項は重心の移動による運動エネルギーである．すべらずに転がるから $v=a\omega$.

$$\therefore \quad v = \sqrt{\frac{2Mgh}{I/a^2+M}}$$

円柱の場合　$I=Ma^2/2$　　$\therefore \quad v=\sqrt{4gh/3}$

球の場合　$I=2Ma^2/5$　　$\therefore \quad v=\sqrt{10gh/7}$

剛体では回転運動にもポテンシャルエネルギーの一部が変換されるため，重心の移動による運動エネルギーは質点の場合よりも小さくなり，重心の移動は質点より遅い．

問題 7-4

[1]　なめらかな床の上では摩擦はないからコマの軸に水平方向の力がはたらくことはない．したがってコマの重心は動かない．コマの軸が床から受ける垂直抗力は，力のつりあいによって，コマに加わる重力に等しい．この垂直抗力は重心のまわりに力のモーメント $mgl\cdot\sin\theta$ を生む．ここで，l は重心から軸の下端までの距離，θ は軸と鉛直線のなす角である．力のモーメントの向きは紙面に垂直下向きである．コマの軸のまわりの角速度が十分大きいと角運動量はコマの軸の方向を向いていると考えてよい．したがって，垂直抗力による力のモーメントが角運動量ベクトルの先端を紙面垂直下向きに移動させる結果，コマは歳差運動をする．歳差運動の角速度を Ω とすると

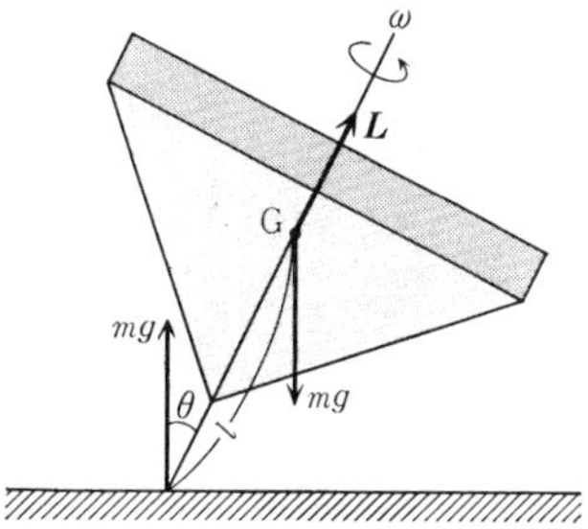

$$dL = mgl\sin\theta\, dt = L\sin\theta\, \Omega dt$$

$$\therefore \quad \Omega = \frac{mgl}{L} = \frac{mgl}{I\omega}$$

第 8 章

問題 8-1

[1]　エレベーターから鉛直方向に x 軸を選び，上方を正にとる．物体が床に及ぼす力の大きさは床からの抗力 R の大きさに等しく，向きが逆である．運動方程式

$$m\frac{d^2x}{dt^2} = R-mg+ma$$

において，物体は床といっしょに動くから $d^2x/dt^2=0$ である．したがって

$$R = m(g-a)$$

が得られる．これは物体が床に及ぼす力の大きさに等しい．

[2] おもりの運動方程式は

$$m\frac{d^2x}{dt^2} = -kx+m(g-a) \tag{1}$$

エレベーターが下降する前は $a=0$ で，おもりは静止しているから，バネののび x_0 は

$$x_0 = \frac{mg}{k}$$

である．加速度 a でエレベーターが下降をはじめるとおもりは(1)にしたがって運動する．(1)の解は $\omega^2=k/m$ として

$$x = \frac{m(g-a)}{k}+A\cos\omega t+B\sin\omega t$$

である．$t=0$ で $x=x_0=mg/k$，$\dot{x}=0$ から，$A=-ma/k$，$B=0$ を得る．したがって

$$x = \frac{mg}{k}+\frac{ma}{k}(-1+\cos\omega t)$$

が得られる．おもりは自然長から mg/k と $m(g-2a)/k$ の間を角振動数 $\omega=\sqrt{k/m}$ で振動する．

[3] 静止した系で鉛直上方に x 軸をとる．運動方程式は台から受ける抗力を R とすると

$$m\ddot{x} = R-mg$$

となる．台は $x=a\cos(\omega t+\varphi)$ で振動している．ゆえに

$$R = mg-ma\omega^2\cos(\omega t+\varphi)$$

を得る．R の最大値は $mg+ma\omega^2$，最小値は $mg-ma\omega^2$ である．物体が台から離れないためには $R>0$．$\therefore a\omega^2<g$.

［**別解**］ 座標原点を振動する台に選ぶと物体の運動方程式は

$$0 = R-mg-m\frac{d^2x_0}{dt^2}$$

となる．左辺が0になるのはこの座標系でみると物体の加速度は0だからである．右辺第3項の d^2x_0/dt^2 は静止系からみた原点の加速度を表わす．$x_0=a\cos(\omega t+\varphi)$ とすると，ふたたび

$$R = mg-ma\omega^2\cos(\omega t+\varphi)$$

となり，前と同じ結果を得る．

[4] 運動方程式は

$$m\dot{u}_x = qu_yB, \qquad m\dot{u}_y = q(E-u_xB)$$

これを例題8.1の(3)式と比べると

$$\omega = -\frac{qB}{m}, \qquad v = \frac{E}{B}$$

を得る．正イオン($q>0$)では$\omega<0$であるから，速度E/Bでx軸の正方向に動きながら角速度$|\omega|$で時計回りに回転する．電子($q<0$)は回転方向が反時計回りになる．

問題 8-2

[1] 例題8.3の解の図で3角形PQRは直角3角形である．ゆえに$v_0{}^2=v_1{}^2+v_2{}^2$が成り立つ．両辺に$m/2$を掛けると，実験室系におけるエネルギー保存則が得られる．

[2] 三角関数の公式$\cos\phi=\cos^2(\phi/2)-\sin^2(\phi/2)$, $\sin\phi=2\sin(\phi/2)\cos(\phi/2)$などを用いると$\tan\Phi=\tan(\phi/2)$が得られる．ゆえに$\Phi=\phi/2$が成り立つ．

問題 8-4

[1] (摩擦力)≧(遠心力), (遠心力)/(重力)$>l/h$から$\sqrt{gl/ah}<\omega\leqq\sqrt{\mu g/a}$.

問題 8-5

[1] 北半球における運動を考える．角速度ベクトルは北極以外では地球表面に垂直ではないが，簡単のため鉛直上方を向いているとする．コリオリの力F_Cの向きは$-\boldsymbol{\omega}\times\boldsymbol{v}$であるから，円の中心から外側を向いている．したがってこの力は低気圧の中心に向かう圧力差による力を打ち消すようにはたらく．

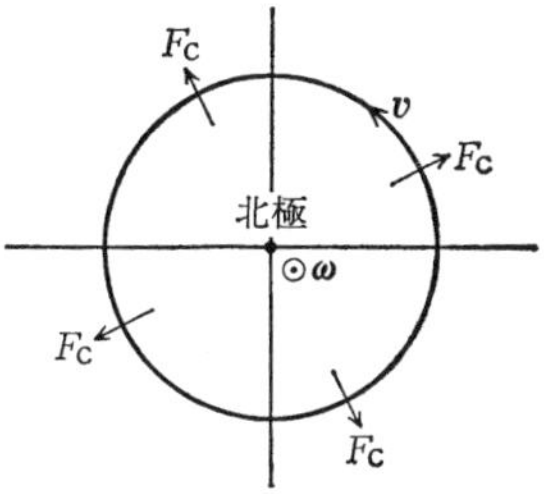

問[1]

[2] $t=0$で$\dot{x}=\dot{y}=0$, $\dot{z}=v_0$である．コリオリの力によって$\dot{x}, \dot{y}$が生ずるが，それらは小さいとして無視する．運動方程式は

$$\frac{d^2z}{dt^2} = -g, \qquad \frac{d^2y}{dt^2} = -2\omega\cos\lambda\frac{dz}{dt}$$

となる．第1式から

$$\frac{dz}{dt} = -gt+v_0, \qquad z = -\frac{1}{2}gt^2+v_0t$$

が得られる．これを運動方程式の第2式に代入して

$$\frac{dy}{dt} = \omega gt^2\cos\lambda-2\omega v_0t\cos\lambda, \qquad y = \frac{1}{3}\omega gt^3\cos\lambda-\omega v_0t^2\cos\lambda$$

となる．物体が地上に落ちる時間は $z=0$ とおいて $t=2v_0/g$ であるから東西方向のずれは

$$y = -\frac{4}{3}\frac{\omega {v_0}^3}{g^2}\cos\lambda$$

となることがわかる．$y<0$ から物体は鉛直下方から西にずれる．

[3] 地球の中心に原点をもつ回転しない座標から見る．地球に対して静止している物体をこの座標で観測すると地球の自転のため円運動をする．円運動の速さは中心からの距離に比例するから，地表の物体より上空の物体の方が速い．塔の上から自由落下する物体を静止系でみると $t=0$ で自転による東向きの初速度をもつ．地表の東向きの速度はこれより小さいため，地球に落下した物体は鉛直下方より東側にくる．真上に投げ上げた物体は逆に上空よりも遅い東向きの速度をもっているため，上空では地球の自転による速度より遅れる．その結果地上に落下したとき西側にずれる．

[4] $t=0$ で $\dot{x}=u_0$，$\dot{y}=0$，$\dot{z}=v_0$ である．$\dot{y}$ は小さいとして運動方程式の右辺に含まれる $\dot{y}$ を無視する．運動方程式は

$$\frac{d^2x}{dt^2} = 0, \qquad \frac{d^2y}{dt^2} = -2\omega\sin\lambda\frac{dx}{dt}-2\omega\cos\lambda\frac{dz}{dt}, \qquad \frac{d^2z}{dt^2} = -g$$

となる．第1式，第3式から

$$\frac{dx}{dt} = u_0, \qquad x = u_0 t$$

$$\frac{dz}{dt} = -gt+v_0, \qquad z = -\frac{1}{2}gt^2+v_0 t$$

8

が得られる．これらを y 方向の運動方程式に代入して

$$y = -\omega t^2(u_0\sin\lambda+v_0\cos\lambda)+\frac{1}{3}\omega g t^3\cos\lambda$$

となる．地上に落下する時間は $t=2v_0/g$ である．そのとき

$$y = -\frac{4\omega {v_0}^2}{g^2}\left(u_0\sin\lambda+\frac{1}{3}v_0\cos\lambda\right)$$

である．この y の値だけ，東$(y>0)$または西$(y<0)$にずれる．

東西方向にずれないためには，

$$u_0\sin\lambda+\frac{1}{3}v_0\cos\lambda = 0$$

であればよいから仰角 θ を

$$\tan\theta = \frac{v_0}{u_0} = -3\tan\lambda$$

に選べばよい．東京では $\lambda=35°43'$，ゆえに $\theta=-65°$ となり，北に仰角 $65°$ で打ち上げればよい．東京から南に 30 km 進む間に西に 140 m ずれる．

索引

ア　行

カ　行

サ　行

タ　行

戸田盛和
1917-2010年．1940年東京帝国大学理学部物理学科卒業．東京教育大学教授，千葉大学教授，横浜国立大学教授，放送大学教授などを歴任．東京教育大学名誉教授．理学博士．専攻は理論物理学．
主な著書：『力学』『ベクトル解析』(以上，岩波書店)，『流体力学30講』(朝倉書店)，*Theory of Nonlinear Lattices* (Springer-Verlag)ほか．

渡辺慎介
1943年神奈川県に生まれる．1966年横浜国立大学工学部電気工学科卒業．1968年同大学院修士課程修了．同大学助教授，教授，理事・副学長，放送大学神奈川学習センター所長，学校法人関東学院・常務理事を経て，横浜国立大学名誉教授，日本ことわざ文化学会会長．1973-75年パリ大学プラズマ研究所にて研究．理学博士，国家博士(フランス)．専攻は非線形波動，プラズマ物理学．
主な著書：『非線形力学』(共著，共立出版)，『ソリトン物理入門』(培風館)，『ベクトル解析演習』(共著，岩波書店)ほか．

物理入門コース／演習 新装版
例解 力学演習

1990年11月5日 第1刷発行
2017年12月5日 第26刷発行
2020年11月10日 新装版第1刷発行
2024年7月16日 新装版第4刷発行

著　者　戸田盛和（とだもりかず）　渡辺慎介（わたなべしんすけ）

発行者　坂本政謙

発行所　株式会社 岩波書店
〒101-8002 東京都千代田区一ツ橋2-5-5
電話案内 03-5210-4000
https://www.iwanami.co.jp/

印刷製本・法令印刷

ISBN 978-4-00-029891-9　Printed in Japan